DANIELE PARIO PERRA

LOW COST DESIGN

VOL. 1

Con la partecipazione di /
With the participation of
Emiliano Gandolfi

Testi di / Texts by
Daniele Pario Perra,
Emiliano Gandolfi,
Beppe Finessi,
Francesco Morace,
Pier Luigi Sacco

SilvanaEditoriale

Silvana Editoriale

Progetto e realizzazione / Produced by
Arti Grafiche Amilcare Pizzi Spa

Direzione editoriale / Direction
Dario Cimorelli

Art Director
Giacomo Merli

Redazione lingua italiana / Italian Copy Editor
Ondina Granato

Redazione lingua inglese / English Copy Editor
Ondina Granato

Impaginazione / Layout
Floriana Pellegrino

Traduzione / Translation
Richard Sadleir

Coordinamento organizzativo / Production Coordinator
Michela Bramati

Segreteria di redazione / Editorial Assistant
Valentina Miolo

Ufficio iconografico / Iconographic office
Deborah D'Ippolito

Ufficio stampa / Press office
Lidia Masolini, press@silvanaeditoriale.it

**Un particolare ringraziamento a /
Special thanks to**
Lorenzo Imbesi
Francesca Motta
Francesco Pironti
Alexander Vollebregt

**Si ringraziano /
Thanks to**
Barbara Accarisi
Patricia Almarcegui
Giulia Arena
Lucia Babina
Marco Barbieri
Andrea Bartoli
Brunella Basso
Elena Bellistracci
Salvo Bellofiore
Brice Bonjour
Eugénie Bonjour
Enzo Calabrò
Camera a Sud
Daniela Cannavò
Fernanda Cantone
Elena Capobianco
Mattia Capobianco
Nino Caruso
Ciriaco Carzedda
Fabio Cerri
Valeria Cicala
Ivo Covic
Valentina Croci
Carlotta D'Addato
Melania D'Agostino
Salvo D'Urso
Giampiero Danieli
Roberto De Luca
Katja Diallo
Felice Di Pietro
Isabella Fabbri
Renate Flagmeier
Barbara Foti
Pierfrancesco Frillici
Liana Gagliardi
Valentina Galloni
Antonio Garrano
Ida Garrano
Vincenzo Garrano
Giuliano Gavioli

Alessandro Gessi
Gaia Gessi
Virna Gioiellieri
Gigliola Guardo
Michela Guarino Marvet
Henrik Jan Haarink
Angela Interlandi
Hanna Keller
Esther Kokmeijer
Christina Kreps
Jan Kryszons
Vincenzo Lamendola
Daria Laurentini
Luigi Lipani
Maria Lombardo
Ettore Longo
Giuseppe Longo
Loredana Longo
Stefania Longo
Angelo Manaresi
Alessia Marchi
Umberto Marinelli
Chiara Marino
Tano Melfi
Leo Micali
Miol & Jerry
Ugo Mirabella
Lorenza Mirone
Laura Moroni
Massimo Motta
Claudio Musso
Ivan Orsini
Carla Paci
Paglialoro
Silvia Perra
Stefano Pini
Valentina Pini
Agata Pironti
Paolo Pironti
Silvia Platania
Loredana Poidomani
Alessandro Portale
Maria Portale
Antonio Presti
Luigi Prestinenza Puglisi
Carla Previtera
Valentina Rippa
Giovanni Romeo

Enzo Rovella
Francesco Rovella
Karl Ingar Roys
Antonella Salvi
Margherita Sani
Sirio Schiano
Ilde Sciarrata
Paola Sciuto
Fabio Scuderi
Francesca Semeria
Ketty Smedile
Salvo Squillaci
Willie Stehouwer
Emanuele Stiassi
Alessandro Stillo
Giancarlo Terzi
Roberto Tos
Carlo Tovoli
Andrea Tozzi
Vanper
Ninzio Vespi
Imke Volkers
Valeria Zacchini
Paolo Zampiga
Federico Zanfi
Cristina Zappata
XX mutiple galerie

Immagini e stampe fotografiche
realizzate nei laboratori CentralColor,
Catania / Images and photographic
prints produced in the CentralColor
laboratories, Catania

Tutte le immagini sono state selezionate
dall'archivio *Low-cost Design* di Daniele
Pario Perra e sono state realizzate
dall'artista / All images are selected
from the archive *Low-cost Design* by
Daniele Pario Perra and were taken by
the artist
Low-cost Design è un progetto
costantemente in progress: per
contributi, feedback e suggerimenti /
Low-cost Design is a work in progress:
for contributions, feedback and
suggestions
www.lowcostdesign.org

SOMMARIO / CONTENTS

IL PROGETTO È OVUNQUE
Ovvero la necessità è sempre madre dell'invenzione

Sì, dobbiamo proprio dirlo, siamo stati fortunati, abbiamo avuto maestri che ci hanno insegnato a cercare la bellezza, leggi l'intelligenza, ovunque, e così oggi non ci troviamo impreparati nel guardare a progetti sviluppati in "un altro modo", condotti lontano dalle consuetudini, dalle buone regole, dalle logiche della produzione e da quelle delle mode e dalle oscillazioni del gusto.

Sì, abbiamo avuto il privilegio di ascoltare e fare nostre le lezioni che alcuni protagonisti del design (italiano) ci hanno più volte suggerito. Così è stato nei tanti pomeriggi nello studio di via Vittoria Colonna a Milano, dove un leggero Bruno Munari commentava, sempre vispo, lucido e con noi benevolo, una sua particolare raccolta di oggetti anonimi, accumunati dalla bontà della corrispondenza forma/funzione, collezione a cui conferì un premio per sottolinearne qualità e valenze, "nonostante" quegli oggetti non avessero un progettista dichiarato: il "Compasso d'Oro a ignoti" è (anche) il suo suggerimento a cercare l'intelligenza ovunque, non solo nei musei, non solo nelle accademie, ma anche tra la gente comune, armati sempre di occhi curiosi. Sempre lui ci aveva, già da qualche tempo, portati a leggere un'arancia come eccellente emblema di "Good Design" (vedendo – acume e paradosso – nella buccia un rivestimento esterno e negli spicchi dei moduli costruttivi) e gli oggetti raccolti sulla spiaggia, in realtà semplici "detriti", come una speciale produzione di oggetti di raffinata fattura (e così nominando "Il mare come artigiano").

Così è stato nelle tarde serate in via Pontaccio, a casa di un Ettore Sottsass che interrogavamo a mitraglia, famelici di sapere: sui suoi primi, poveri e commoventi, anni cinquanta, quando tutto quello che faceva era, parole sue, per poter chiedere alla persona amata (allora la giovane moglie Fernanda Pivano) "hai visto come sono bravo?", magari presentandole un foglio di lamierino intagliato personalmente fino a produrre una sorta di paralume, immaginando un altro modo di fare luce; o sui suoi, dirompenti, anni settanta, quando tra bisogni di fughe ossigenanti dalla "routine" quotidiana (nel suo caso molto alta, leggi responsabile ufficio progetti Olivetti) e desideri di vivere nuovi amori (come quello appena sbocciato con la giovanissima Eulalia) si cimentava nel progettare, nei deserti della Spagna, semplici costruzioni dove "stare" in modo mai ovvio, alla ricerca della differenza tra una "sedia" e un "trono": e quelle "architetture", fermate nel tempo dalle sue fotografie in bianco e nero, poi diventate celebri e mitiche come "Design Metaphors", sono ancora oggi un patrimonio tra installazione e land art, ma lui →

DESIGN IS EVERYWHERE
Or necessity is always the mother of invention

Yes, we have to admit we were lucky. We had teachers who taught us to seek beauty, meaning intelligence, everywhere. So today we are not unprepared when we look at projects developed in different ways, distant from the customary, from the proper rules, the logic of production or fashion and the variations in taste.

Yes, we had the privilege of listening to and absorbing the ideas that some of the protagonists of (Italian) design put across to us. So it was on the many afternoons in the office on Via Vittoria Colonna in Milan, where a buoyant Bruno Munari, always lively, lucid and kindly, commented on his distinctive collection of anonymous objects. The peculiarity they all shared was a close correspondence between form and function. He even conferred a prize on the collection to stress its quality and value, though the objects had no named designer. This "Compasso d'Oro to unknown designers" was his recommendation to seek out intelligence everywhere, not just in museums and in academies, but also among ordinary people, by always looking with inquiring eyes.

Some time earlier he had urged us to observe an orange as an excellent emblem of good design (seeing – insight and paradox – the skin as an outer covering and the segments as constructional modules). He taught us to see objects picked up on a beach, flotsam, as refined examples of workmanship, presenting the sea as a "craftsman". So it was in the late evenings in Via Pontaccio, in the home of Ettore Sottsass. We would pepper him with questions, eager to hear about his early, poor and moving fifties, when everything he did was done, in his own words, in order to be able to ask his beloved (then his young wife Fernanda Pivano): "See how clever I am?", perhaps as he presented her with a sheet of metal he had carved into a sort of lampshade, imagining a new way of diffusing light. Or we would ply him with questions about his disruptive work in the seventies, when between the need for stimulating escapes from the daily routine (in his case very high-level work as the director of Olivetti's design office) and his desire for new loves (like that which had just flowered with the young Eulalia) he essayed designs for simple buildings in the deserts of Spain, places to stay in original ways in the quest for the difference between a chair and a throne. And those "architectures" frozen in time in his black and white photographs, which later became famous and mythical as "Design Metaphors", are still a legacy half-way between installations and land art; but he would have said they were only a way of living that part →

avrebbe detto che erano soltanto un modo di vivere, intensamente, quella (sua) parte di vita. Così è stato nel vedere, tante volte, Achille Castiglioni scivolare veloce tra le stanze del suo studio affacciato sul Castello Sforzesco, fino ad aprirci le sei vetrine più belle di qualunque museo di design, e ridere ancora insieme a noi nel spiegarci il funzionamento di quella raccolta unica di oggetti anonimi, tra attrezzi di lavoro, giocattoli, occhiali, strumenti, bottiglie e ogni genere di "cose" varie. Per lui, quella, valeva più di ogni altra raccolta possibile, del più importante museo possibile, del miglior design possibile. Perché (anche) per lui il progetto era quello della vita quotidiana, tra le botteghe degli elettricisti, il lavoro degli artigiani, e la curiosità libera dei ragazzini che si costruiscono da sé i modi per sognare, divertendosi.

Così è stato quando ci si spingeva in provincia, scendendo fino a Pesaro, o nell'eremo di Novilara, per incontrare il principe/viaggiatore Michele Provinciali, sublime fantasista della grafica contemporanea, che da tempo aveva iniziato a raccogliere scarti/detriti di varia natura, inventariando oggetti consumati dall'uso (saponette, bastoncini dei ghiaccioli, coperchietti metallici dei tappi di sughero, gessetti colorati ecc), componendo immagini di grande sensibilità, attraverso un'accorta e millimetrica sommatoria di quei frammenti dis/omogenei: che grazia, che impareggiabile levità. Una lezione nel saper vedere nello scarto un frammento potenziale di un nuovo universo.

Quattro maestri, oggi nostri Santi nel Paradiso del Design, il cui insegnamento ci fa ancora sgranare gli occhi, dopo averci costretto, allora, ad aprire il cervello. Ma così è stato, anche, nello studio di Piazzale Baracca a Milano, dove Enzo Mari ci ha più volte "istruiti", arrabbiato come da copione, nel parlarci, dall'alto di una superiorità anche fisica, della sua cristallina e inviolabile idea del mondo, di ogni aspetto del mondo: dopo aver già compilato un manuale per realizzare da sé, novelli carpentieri, mobili spartani in assi di legno grezzo (*Proposta per un'autoprogettazione*, 1973), e dopo essere arrivato, proprio in quei giorni, a riciclare bottiglie e contenitori di plastica, suggerendo un altro modo, d'autore ma libero al contempo, di reinterpretare quei "vuoti a perdere", realizzando dolcissimi vasi da fiori ("Ecolo", Alessi, 1992). E così oggi ci sembra di aver avuto la migliore preparazione possibile per comprendere che un buon progetto non è solo quello che passa dall'ufficio brevetti, non è solo quello che nasce negli studi di architettura e design davanti a computer più o meno passivi, non è solo quello che si fa nelle grandi aziende, ma è anche quello che si fa nella semplicità e nel candore della vita di tutti i giorni, e che vive delle geniali intuizioni della "gente comune", dei progettisti anonimi. Così vicini, a volte, ad alcuni precedenti d'eccezione: per continuare nei rimbalzi ossi-

of his life intensely. So it was when we saw Achille Castiglioni glide swiftly between the rooms of his office overlooking the Castello Sforzesco, where he opened the six showcases finer than in any design museum. He laughed with us as he explained the functioning of that unique collection of anonymous objects, including tools of work, toys, spectacles, instruments, bottles and all sorts of other things. That was worth more in his eyes than the finest possible design collection in the most important museum. Because that was what design meant to him, too: it was a part of everyday life, found in electricians' workshops, in the skills of craft workers and the untrammelled curiosity of children who dream and have fun in their own way. So was again when we went out into the provinces, descending as far as Pesaro, or the hermitage of Novilara, to meet the prince/traveller Michele Provinciali, a sublime all-rounder of contemporary graphic design. He had begun long before collecting junk/refuse of various kinds, inventorying objects worn by use (cakes of soap, popsicle sticks, metal cork hoods, coloured chalks, etc). He used them to compose images of great sensitivity through a shrewd and meticulous summation of those dis/homogeneous fragments. What grace, what incomparable lightness! A lesson in knowing how to see trash as a potential fragment of a new universe. Four masters, today our Saints in the Paradise of Design, whose teaching makes us still keep our eyes peeled, after compelling us then to open our minds.

But so it was also in the office in Piazzale Baracca in Milan, where Enzo Mari often taught us, angry as ever when he spoke to us about his crystalline and inviolable idea of the world, about every aspect of the world, from the height of a superiority that was partly physical. Having already compiled a manual for budding carpenters on how to make Spartan furniture out of plain wooden boards (*Proposta per un'autoprogettazione*, 1973), and after recycling bottles and plastic containers, he suggested new ways, as auteur and free, of reinterpreting disposable empties by turning them into sweet flower pots ("Ecolo", Alessi, 1992).

And so today it seems we had the best possible training to understand that good design is not just what goes through the patent office, it's not just what is born in architectural and design offices more or less passively in front of computers. It is not just what is done in big businesses, but also what is done in simplicity and candour with the brilliant insights of ordinary people, of anonymous designers. Sometimes coming to certain outstanding precedents. Continuing with the stimulating associations of ideas, we come to the work of Lina Bo Bardi (an Italian, the daughter of modernity, who took her skills to an objectively different and distant Brazil, blending

genanti, arriviamo all'opera di Lina Bo Bardi che (italiana, figlia della modernità, aveva portato in un Brasile oggettivamente diverso e lontano il suo sapere, mescolando "alta e bassa cultura") era arrivata senza remore a progettare, rami e corde alla mano, una treppiede in forma di "Sedia da bordo strada" come fosse uno sgabello tra il mondo della giungla e quello della tradizione del design scandinavo. D'altra parte la necessità può sempre essere (ancora) madre dell'invenzione, e ne sapeva qualcosa un certo Mart Stam che, necessitando di una seduta rigida per la moglie in gravidanza, tagliò e giuntò dieci tubi del gas costruendo in modo artigianale la prima seggiola *cantilever* della storia del design, tipologia poi superbamente sviluppata da altri autori, per molti lustri molto più noti di lui. Così questa ricognizione di oggi di Daniele Pario Perra, frutto di fiuto e sensibilità, aggiunge un tassello importante alle storie, ormai leggendarie, che i maestri di cui sopra avevano saputo scrivere e raccontare. Storie che con questo nuovo atlante, con questa corposa e cangiante ricognizione, trovano ulteriore conferma, tra bontà e attualità.

E se da un lato le storie per immagini qui raccolte sono figlie di autori che non conosciamo (ma ai quali l'amico Bruno avrebbe dato il premio di cui sopra), dall'altro diventano materiali di confronto con storie coeve che alcuni nuovi designer riconosciuti, già usciti dal circuito underground e approdati nel sistema delle gallerie da migliaia di euro al pezzo, hanno importato nei loro gesti, in modo dichiarato, e facendoli diventare modalità espressive: un modo che è quello del recupero e dell'interpretazione dello scarto: su tutti, oggi, emblematica la "lezione" di Martino Gamper, passato in pochi anni da giovane talento emigrante a star del sistema-design, protagonista di un modo nuovo di pensare "oggetti" che ha fatto tesoro della libertà che il progettare in modo meno "ortodosso" può dare, giocando tra il bricolage, il riutilizzo e la sperimentazione formale e tipologica, ricordandosi che bastano molto meno di quattro gambe e un piano orizzontale per fare una seggiola, e soprattutto che siamo capaci di sederci in tanti modi; ma senza dimenticare le sperimentazioni di Lorenzo Damiani, o quelle di Massimiliano Adami, o ancor prima quelle di Paolo Ulian. E ancora, quelle di tanti altri giovani intraprendenti in giro per il mondo, che hanno capito che il design si può fare ovunque, e sempre più dove c'è necessità e bisogno. E spesso per la strada. Forse perché "progettare per il mondo reale" (Victor Papanek) vuol dire armarsi di un'altra curiosità, uscire dalle nostre (più o meno) belle case, e sporcarsi le mani. Il design è anche questo. Quello di queste pagine. Perché "si può sempre fare in un altro modo" (Bruno Munari).

Beppe Finessi

high and low culture). Holding branches and cords in her hand, she unhesitatingly designed a tripod in the form of a "Roadside Chair", a stool somewhere between the world of the jungle and the tradition of Scandinavian design. On the other hand, necessity can still be the mother of invention, and Mart Stam knew something about this. When he needed a rigid seat for his wife who was pregnant, he cut up and joined together ten pieces of gas pipe and so handcrafted the first cantilever chair in the history of design, a model then proudly developed by other designers, for many years better known than him. So this survey of today by Daniele Pario Perra, the fruit of intuition and sensibility, adds an important strand to the stories, now legendary, that the masters described above wrote and told. Stories that with this new atlas, with this substantial and many-sided survey, find further confirmation, between goodness and relevance. And while the stories in images collected here are the work of unknown designers (but whom our friend Bruno would have given his special award to), they have also become materials of comparison with contemporary stories which some newly recognized designers, who have already emerged from the underground circuit and are appearing in the system of galleries where each work costs thousands of euros, have explicitly imported into their gestures and made into modes of expression. The modes of retrieval and interpretation of waste. Emblematic of them all today is the work of Martino Gamper, who has passed in a few years from a young emigrant talent to a star of the design system, a protagonist of a new way of thinking about objects who cherishes the freedom which a new and less orthodox way of designing can give. He plays with bricolage, reuse and formal and typological experimentation, remembering that it takes a lot less than four legs and a horizontal seat to make a chair, and above all that there are a lot of different ways of sitting. But we should also remember the experiments of Lorenzo Damiani, Massimiliano Adami or Paolo Ulian. And then the work of many other enterprising young designers around the world, who realize that design is everywhere, and increasingly it's found wherever there's are needs and wants. Often in the street. Perhaps because "designing for the real world" (Victor Papanek) means arming oneself with a sharper curiosity, getting out of our (more or less) beautiful houses and being willing to get our hands dirty. Design is also this. It's what is found in these pages. Because "you can always do it some other way" (Bruno Munari).

Beppe Finessi

LOW-COST DESIGN
Un catalogo di oggetti e comportamenti che definiscono lo scenario post-surrealista del futuro

Darwin dopo 20 anni dal suo viaggio intorno al mondo pubblicò il testo sull'origine della specie, e il viaggio e l'osservazione furono la base stessa della sua teoria. La capacità di osservare, comparare e poi interpretare le piccole stranezze e le discontinuità della natura permise l'elaborazione e la scrittura della teoria scientifica che sconvolse il mondo.

Anche le tendenze socio-culturali vanno studiate e analizzate nel tempo, attraverso la logica progressiva della competizione e della comparazione, proprio come le specie animali. È necessario un occhio sociologico per inquadrare il contesto e le caratteristiche di base di una tendenza, per poi applicare altri eventuali tecniche e discipline come la psicologia, l'antropologia, la semiologia... Le tendenze – anche creative ed estetiche - o hanno una base sociologica, o sono destinate a durare pochi anni e a nutrire l'illusione che tutto cambia, tutto sfugge alla profondità dell'analisi, condannandoci a un eterno presente imprevedibile, in un orizzonte post-moderno inafferrabile e perverso. Il lavoro decennale sugli oggetti, sui contesti, sulle fruizioni, che Daniele Pario Perra ha realizzato e che viene presentato in questo libro illustrato, ripropone una lettura quasi biologica del rapporto con gli oggetti, con gli spazi, con una mirabile economia dello scarto, e dimostra che è possibile comprendere le tendenze, seguirne logiche e articolazioni, adattamenti e declinazioni locali, aggregazioni e speciazioni globali, selezione e appropriazione settoriale, con grande continuità e profondità. Ragionando sugli interstizi sociali, sulle nuove povertà, su categorie che in genere non sono considerate né economiche, né creative, e quindi non contemplate nei manuali disciplinari, ma che invece emergono dalle analisi antropologiche su milioni di persone.

La grandezza di Darwin – che quando compie il suo fatidico viaggio intorno al mondo ha in realtà una preparazione da geologo – è quella di aver utilizzato un occhio sociologico per leggere l'evoluzione biologica e le scienze della natura. Ciò che infatti era mancato a Lamarck – naturalista francese che aveva intuito la teoria dell'evoluzione – era la capacità di adottare una interpretazione dell'evoluzione che implicasse per esempio la legge della selezione naturale. Ciò che rende Darwin il padre della visione del mondo che ha sconvolto la cognizione stessa dell'uomo è proprio il suo talento sociologico, un punto di vista interpretativo e non puramen-

LOW-COST DESIGN
A catalogue of objects and behaviours that define the post-surrealist scenario of the future

After 20 years travelling around the world Darwin published his book on the origin of species. The journey and his observations provided the basis for his theory. The ability to observe, compare and then interpret the little oddities and discontinuities of nature led to the elaboration and writing of the scientific theory that disrupted the world.

Socio-cultural trends are also studied and analysed in time, through the progressive logic of competition and comparison, just like animal species. A sociological eye is necessary to frame the basic context and features of a tendency and then apply it to other techniques and disciplines such as psychology, anthropology, semiotics... Tendencies – including creative and aesthetic tendencies – either have a sociological basis or are destined to last only a few years and foster the illusion that everything changes, everything eludes analysis in depth, condemning us to an eternal unpredictable present, in an elusive and perverse post-modern horizon.

The decade Daniele Pario Perra has spent working on objects, contexts and uses is embodied in the illustrated book, which presents an almost biological interpretation of our relationship with objects and spaces, with a wonderful economy of junk. He shows it is possible to understand their trends, follow their logics and articulations, adaptations and local inflections, aggregations and global speciations, selection and appropriation. Reasoning on the social interstices, on the new poverty, on categories that are not generally considered economic or creative and therefore are not covered by academic manuals, but emerge from anthropological analyses of millions of people.

The greatness of Darwin, who actually had a training in geology when he set off on his fateful journey around the world, was that he used a sociological eye to interpret biological evolution and the sciences of nature. What Lamarck, the French naturalist who had intuited the theory of evolution, lacked was the capacity to adopt an interpretation of evolution that would entail the law of natural selection. What makes Darwin the father of the vision of the world that disrupted our knowledge of humanity was his sociological talent, an interpretive point of view which was not purely descriptive, enabling him to reason on individual topics of his observation but also on populations and their connections in space and time.

te descrittivo, che gli permette di ragionare non tanto sui singoli soggetti della sua osservazione, ma altresì sulle popolazioni e le loro connessioni nello spazio e nel tempo.

Potremmo dire lo stesso – dal punto di vista del progetto, del design e della creatività spontanea – per il lavoro esteso e internazionale di Daniele.

Ciò che ha qualificato il punto di vista biologico di Darwin è il viaggio, l'osservazione, la capacità di comparare le piccole differenze nella morfologia di piante e animali: il famoso becco del fringuello che in isole diverse assume forme diverse. Il dettaglio che fa la differenza. Secondo le unità di tempo e di spazio che hanno trasformato l'attività naturalistica in sociologia della specie: il primo cool hunter della storia. Il cool hunting che con il Future Concept Lab realizziamo da vent'anni vede infatti la necessità di comparare e interpretare il materiale raccolto in quaranta città del mondo – relativo alle tendenze nella vita quotidiana – come il primo obiettivo per comprendere le direzioni del futuro: anche per questo abbiamo attivato cinquanta corrispondenti che nelle loro città fungono da antenne sul territorio. Abbiamo ormai su questo tema realizzato il primo corso on line di trend foundation e cool hunting, che si chiama Trendsgymnasium, e che aiuta appunto le persone a individuare e approfondire i trend in termini di evoluzione.

In linea con questo obiettivo, il lavoro fotografico e antropologico di Daniele costituisce una base simile di descrizione e interpretazione dei valori e dei comportamenti quotidiani nel consumo e nella vita delle persone. Ciò che può essere insegnato nei corsi che Daniele conduce in diverse università del mondo è proprio questa necessità e capacità di uno sguardo trasversale, non disciplinare, eclettico ed eretico, sullo scenario della vita quotidiana incarnata nei suoi comportamenti.

Darwin ha poi aperto la strada alla scienza della complessità, alla trans-disciplinarietà teorizzata e applicata nei suoi libri da Edgar Morin che parla a questo proposito di paradigma perduto, cioè di una necessità crescente di lavorare sulle scienze della vita rispettandone l'integrità e le molteplici sfaccettature. E imparando a imparare partendo da questi presupposti. Senza riduzionismi e steccati disciplinari. Interessanti a questo proposito le ultime esplorazioni della neuro-estetica che ci avvicinano a un destino neo-rinascimentale, con i neuroni a specchio che fungono da attrattori di emozioni estetiche che cambiano la percezione cognitiva del mondo e delle esperienze, riconoscendo la rilevanza della forma e del sentire estetico.

→

We could say the same – in terms of the project, design and spontaneous creativity – of Daniele's extensive and international work.

What developed Darwin's biological viewpoint was travel, observation, the ability to compare small differences in the morphology of plants and animals: the famous finch's beak with different forms on different islands. The detail that made the difference in relation to the units of time and space which transformed his naturalistic activity into a sociology of species: the first cool hunter in history. The cool hunting which we at the Future Concept Lab have been engaged in for twenty years sees the need to compare and interpret the material collected in forty cities worldwide, related to tendencies in the everyday life, as a first objective in order to comprehend the directions of the future: for this reason it has activated fifty correspondents who in their own cities act as antennas on the territory. On this theme we have produced the first on-line course on foundation trends and cool hunting, called Trendsgymnasium, which helps people identify and analyse trends in terms of evolution.

In line with this objective, Daniele's photographic and anthropological work constitutes a similar basis of description and interpretation of values and everyday behaviours in consumption and people's lives. What can be taught in the course that Daniele teaches in various universities around the world is this necessity and capacity for a transversal non-professional approach, eclectic and heretical, to the scenario of everyday life as embodied in behaviours.

Darwin then paved the way to the science of complexity, to the transdisciplinarity theorized by Edgar Morin and applied in his books. Morin speaks in this respect of the "lost paradigm", a growing need to work in the life sciences by respecting their integrity and many-sided facets and of learning to learn by starting from these principles. Without reductionism and compartmentalized disciplines. In this respect the latest studies in neuro-aesthetics are of the greatest interest. They bring us closer to a neo-Renaissance destiny, with mirror neurons that act as aesthetic attractors of emotions that change our cognitive perception of the world and experiences, recognizing the importance of form and of the aesthetic sensibility. In Italy itself, in Parma, a team made up of scientists and neurobiologists has demonstrated that man is not only a social animal but above all an empathic animal, capable of suffering and being moved for others and together with others. When we see a deeply involving spectacle we are moved, we identify ourselves with others, we suffer with them: we reflect ourselves in other people's

→

Proprio in Italia, a Parma, un gruppo di lavoro formato da scienziati e neurobiologi ha infatti dimostrato che l'uomo non è solo un animale sociale, ma anche e soprattutto un animale "empatico", in grado cioè di soffrire ed emozionarsi per gli altri e insieme agli altri. Quando assistiamo a uno spettacolo coinvolgente ci commuoviamo, ci mettiamo nei panni dell'altro, soffriamo con lui: ci rispecchiamo nelle esperienze altrui. Perfino l'ultimo best seller di Dan Brown, *Il Simbolo Perduto*, è dedicato alla noetica, e cioè alla conoscenza intuitiva. Lo stesso avviene nella relazione con il territorio, con gli oggetti, con lo scenario spaziale, nel quale ci rispecchiamo. Ecco l'importanza dei "neuroni a specchio". Ed è proprio qui che si inserisce l'importanza della relazione con gli oggetti quotidiani, con il territorio, con la città, con la casa, di cui il lavoro di Pario Perra è tanto ricco: un catalogo di comportamenti figurati e di oggetti stravolti e decontestualizzati. In uno spazio progettato spontaneamente da persone che sempre più si trasformano in consum-autori, essi stessi cool hunter nel senso che pescano creativamente nel grande serbatoio della storia e dell'immaginario collettivo per costruire i loro paesaggi vitali e i loro desideri del futuro.

Francesco Morace

experiences. Even Dan Brown's latest best-seller, *The Lost Symbol*, is devoted to noetics, to an intuitive knowledge. The same thing happens in relation to the territory, with objects, with the spatial scenario, in which we are reflected. Hence the importance of "mirror neurons". And it is precisely here that we see the relevance of our relationship with everyday objects, the territory, the city and the home, so richly present in Pario Perra's work: a catalogue of figurative behaviours and objects converted and decontextualized. In spaces designed spontaneously by people who are increasingly transforming themselves into consumer-auteurs, they are themselves coolhunters in the sense that they fish creatively in the great lake of history and collective imagery to construct their vital landscapes and their desires for the future.

Francesco Morace

LA MODIFICAZIONE COME SCULTURA SOCIALE

È facile – e tutto sommato superficiale – pensare al lavoro di Daniele Pario Perra sul *low-cost* design in termini di *objets trouvés* duchampiani. Certo, si tratta, in apparenza, di oggetti recuperati e inseriti in un nuovo contesto. Ma focalizzarsi sull'oggetto o sul semplice processo di prelievo e ri-contestualizzazione significherebbe qui spostare l'attenzione verso il dispositivo di gran lunga meno rilevante. La logica e la poetica dell'*objet trouvé*, infatti, ignorano completamente l'originario possessore dell'oggetto, che è un puro *deus ex machina*, per concentrarsi sulla trasformazione auratica che rende l'oggetto *altro* e lo consegna all'eternità impersonale della teca, del museo. A Pario Perra, invece, il possessore originario interessa molto: la sua operazione, infatti, consiste nel rimetterne in discussione i meccanismi comportamentali e le scelte, nell'invitarlo (cortesemente) a ripensarli e ripensarsi. Il possessore originario potrebbe essere chiunque di noi: chiunque, cioè, abbia abbandonato quell'oggetto, o quegli oggetti, arrendendosi alla propria mancanza di voglia di partecipare consapevolmente e responsabilmente a quella dinamica metamorfica, intelligentemente ludica, che invece nel re-design di Pario Perra viene costantemente riattivata per mostrarci quanto è semplice, sorprendente, e allo stesso tempo alla nostra portata. Quanto è facile divertirsi in modo utile, quanto è utile divertirsi in modo facile – in questo, almeno.

Per quanto il gesto di Duchamp è elitario ed enigmatico, altrettanto quello di Pario Perra è inclusivo, partecipativo, trasparente. È più beuysiano che duchampiano, in effetti. È un invito a servirsi in maniera generosa e radicale delle infinite possibilità offerteci dalla nostra vita quotidiana e dal gusto per il bricolage, di renderci protagonisti di un'altra economia: quella nella quale alla produzione intesa come instancabile, inflattiva generazione di nuovi oggetti, come attività fisica generatrice di entropia – e quindi di dissipazione energetica – si contrappone una produzione del tutto intangibile e neg-entropica. Una produzione che si sofferma a guardare e a fare tesoro di ciò che c'è, senza smanie ritentive, recuperando una lentezza pre-industriale dello sguardo e dei processi di pensiero, trovando un nuovo ordine tra gli oggetti e per gli oggetti. Una produzione che, per divenire pratica riconosciuta e riconoscibile, richiede uno sforzo ambizioso di coordinamento sociale. Quella di Pario Perra è un'utopia allo stesso tempo realista e ottimista, proprio come quella di Beuys, e proprio con Beuys condivide un'ambizione fin troppo esplicita e generosa al coinvolgimento degli altri in una prospettiva di senso che li porti a scoprire di possedere energie creative insospettate, e a liberarle. Una forma originale e garbata di umanesimo post-tecnologico.

→

MODIFICATION AS SOCIAL SCULPTURE

It is easy, and on the whole superficial, to think of Daniele Pario Perra's work on low-cost design in terms of Duchamp's *objets trouvés*. True, they are apparently about objects retrieved and set in a new context. But to focus on the object or on the simple process of removal and recontextualization would here mean shifting attention towards least important point. The logic and poetic of the *objet trouvé* completely ignore the original possessor of the object, who is merely a *deus ex machina*, and concentrate on the auratic transformation that renders the object *other* and its consignment to the impersonal eternity of the showcase, the museum. But Pario Perra is deeply interested in the original owners: his work consists in calling their behavioural mechanisms and choices into question, inviting them (politely) to rethink them and to rethink themselves. The original owner could be any of us: anyone who abandoned that object, or those objects, surrendering to a lack of desire to participate consciously and responsibly in that metamorphic dynamic, intelligently playful, which is constantly reactivated in the redesign of Pario Perra to show us how simple and surprising it is, and at the same time within our scope. How easy it is to amuse ourselves usefully, how useful it is to amuse ourselves easily – in this at least.

Duchamp's gesture is as elitist and enigmatic as Pario Perra's is inclusive, participatory and transparent. It is more Beuysian than Duchampian. It is an invitation to draw generously and radically on the endless possibilities offered by everyday life and a taste for bricolage, to make ourselves protagonists of another economy, in which production understood as the ceaseless, inflationary generation of new objects, as a physical activity that generates entropy and therefore dissipates energy, is contrasted with a wholly intangible and negentropic kind of production. It stops to look and cherish whatever exists, without a retentive urge, recovering a pre-industrial slowness of the gaze and thought processes, finding a new order among objects and for objects. It calls for an ambitious effort of social coordination if it is to become a recognized and recognizable practice. Pario Perra's utopia is both realistic and optimistic, just like Beuys's. With Beuys he also shares a highly explicit and generous ambition to involve others in a prospect of significance that will lead them discover they possess unsuspected creative energies and set them free. An original and polite courteous form of post-technological humanism. This invitation rests on a precise intuition: that if our future holds out prospects for a knowledge-based economy and society, this can only pass through a new ecology of talent and skills,

→

Alla base di questo invito c'è una precisa intuizione: che se nel nostro futuro c'è la prospettiva dell'economia e della società della conoscenza, questa non può che passare attraverso una nuova ecologia del talento e delle competenze, intesa non come competizione narcisistica per l'attrazione su di sé di riconoscimenti e attenzioni, ma come complesso meccanismo di produzione di valore sociale ed economico attraverso nuove forme di scambio e nuovi modelli di benessere. Le nostre potenzialità di sviluppo umano sono stupefacenti: chi avrebbe sospettato, un secolo fa, che milioni di persone avrebbero potuto raggiungere i livelli di alfabetizzazione tecnologica che oggi ci sembrano tanto normali e che allora avrebbero sfidato le possibilità immaginative delle più fini menti del tempo? Ma, allo stesso tempo, non è detto che sappiamo farne l'uso più appropriato: basta chiedersi come vengono utilizzate, oggi, quote significative di queste grandi possibilità realizzative per rendersi conto di quanto sia difficile, a volte, trasformare le opportunità in valore sociale. Pario Perra ci propone allora un laboratorio di sviluppo umano che parte dal basso, dall'esperienza del quotidiano, per invitarci a considerarla come luogo d'elezione di questo processo evolutivo, come palestra giornaliera di consapevolezza. Il lavoro di Pario Perra non ha niente di didascalico, ma possiede al contempo una forte tensione didattica. Non c'è paternalismo né presunzione: piuttosto un gesto misurato e gentile, sottilmente venato di una ironia che però si stempera subito – per lasciare spazio a una cordialità e ad una bonomia che non rimproverano lo spettatore, non lo colpevolizzano, non lo mettono in difficoltà, ma lo invitano ad una regressione infantile rigenerante più che consolatoria, che non rimane fine a sé stessa ma si trasforma in una soglia verso un nuovo, più innocente stato di maturità.

E che siano i processi ad essere in primo piano piuttosto che gli oggetti è dimostrato dallo stadio successivo del dispositivo, nel quale l'attenzione si sposta dagli oggetti modificati alle azioni che modificano il territorio. Modificare, cioè cambiare, trasformare. *Modus facere*: creare una misura, temperare, adattare meglio ad un fine. Modificare eticamente, e non solo esteticamente? Modificare democraticamente, partecipativamente? Modificare un territorio, ovvero cambiarne le forme condivise di percezione, significazione, azione. Quello di Pario Perra, in ultima analisi, è un buon esempio, intellettualmente e poeticamente onesto, di arte sinceramente, autenticamente *politica*. Uno dei pochi riscontrabili nell'arte italiana delle ultime generazioni.

Pier Luigi Sacco

understood not as an narcissistic contest for the attraction of recognition and attention, but as a complex mechanism of production of social and economic value through new forms of exchange and new models of affluence. Our human potential for development is astonishing. Who would have imagined a century ago that millions of people could have attained the levels of technological literacy which today seem normal but at that time would have defied the imagination of the finest minds? But at the same time this does not mean we know how to make the most appropriate use of it. You only have to ask yourself how significant quantities of these great creative possibilities are used today to realize how difficult it sometimes is to transform opportunities into social value. Pario Perra presents us with a human laboratory of development which starts from below, from the everyday experiences, inviting us to consider it as the favoured place for this evolutionary process, as the daily gymnasium of consciousness. Pario Perra's work has nothing didactic about, but at the same time it contains a strong educational value. Not paternalistic or presumptuous: rather a restrained and gentle gesture, subtly veined with an irony which is immediately muted, giving way to a cordiality and affability who do not reprove the viewers, do not make them feel guilty or create difficulties for them, but invite them to a childlike regression which is regenerating rather than consolatory, not an end in itself but leading to a new and more innocent state of maturity.

And that it is processes that are foregrounded rather than objects is shown by the successive stage of the device, in which attention shifts from objects modified to acts that modify the territory. To modify, meaning alter or transform. *Modus facere*: to create a measure, to temper, to adapt better to a purpose. Modifying ethically, and not only aesthetically? Modifying democratically, partecipatively? Modifying a territory, meaning changing the shared forms of its perception, significance, action. Pario Perra's is ultimately a good example, intellectually and poetically honest, of sincerely, authentically *political* art. One of the few to be found in Italian art in recent generations.

Pier Luigi Sacco

LOW-COST DESIGN

Conversazione tra Daniele Pario Perra ed Emiliano Gandolfi

1 / INTRO-BLOG

2 / INDAGINE / METODO

3 / SOCIOLOGIA URBANA E ALTRE STORIE

4 / CREATIVITÀ SPONTANEA

5 / DESIGN / ESTETICHE

6 / ECOLOGIA

7 / RICERCA / APPLICAZIONI

8 / LOW-COST

LOW-COST DESIGN

Conversation between Daniele Pario Perra and Emiliano Gandolfi

1 / INTRO-BLOG

2 / SURVEY / METHOD

3 / URBAN SOCIOLOGY AND OTHER STORIES

4 / SPONTANEOUS CREATIVITY

5 / DESIGN / AESTHETICS

6 / ECOLOGY

7 / RESEARCH / APPLICATIONS

8 / LOW-COST

1 / INTRO-BLOG

Low-cost Design è una ricerca sull'essenza della creatività spontanea. È un progetto che nasce da una considerazione molto semplice: siamo circondati da migliaia di oggetti e strutture che non seguono le regole della progettazione convenzionale, questi non sono solamente prodotti dell'ingegno, ma indicatori culturali della progettualità collettiva.

Low-cost Design è un database delle "arti applicate", copre uno spettro di analisi che va dalla progettazione alla sociologia del territorio e di conseguenza affronta anche la storia. Una banca dati costituita prevalentemente da immagini senza alcuna descrizione testuale, come in un grande dizionario visuale della creatività: più di 7000 immagini relative al cambio d'uso degli oggetti e del territorio attraverso l'azione dei suoi abitanti.

Sia lo studio dell'oggetto sia quello del territorio consente di investigare quei simboli che influiscono nella definizione del concetto d'identità, locale o personale. Le immagini sono frutto del patrimonio interdisciplinare che lega la cultura della progettazione alle discipline di studio sociale, e fornisce indicazioni parallele a vari campi di studio, quali la storia, l'economia e la politica. L'invenzione di nuovi strumenti come altre tipologie di progettazione di tipo spontaneo, informale, evidenzia la creolizzazione come dato costante nel tempo, frutto di millenni di relazioni ed esperimenti.

La sezione degli oggetti è divisa in 5 livelli, o gradi di trasformazione: intendendo il livello massimo come la più ampia capacità intuitiva nel coniugare funzioni risolutive e alti criteri di utilità, semplicità d'uso e replicabilità assoluta. Un'altra sezione è dedicata alle azioni sul territorio, divisa a sua volta in 6 categorie, o analisi comportamentali: pianificazione territoriale privata, commercio creativo, interazioni tra pianificazione pubblica e progettazione privata, soluzioni personali alla carenza di servizi pubblici, comunicazione sociale e commerciale, sicurezza personale e controllo del territorio.

1 / INTRO-BLOG

Low-cost Design is a research project into the essence of spontaneous creativity. As a project it grew out of a very simple observation: we are surrounded by thousands of objects and structures that refuse to follow the rules of conventional design. These are not just products of intelligence but cultural indicators of collective design.

Low-cost Design is a database of the applied arts. It covers a spectrum of analysis ranging from design to the sociology of the territory, so it also confronts history. A database made up principally of images without any textual description, forming a great visual dictionary of creativity: over 7000 images showing the changes in the use of objects and the territory through the activities of its inhabitants.

The study of both objects and the territory enables us to investigate the symbols that influence the definition of the concept of identity, whether local or personal. The illustrations are the fruit of the interdisciplinary patrimony which relates the culture of design to the disciplines of social study and sheds light on various parallel fields of study such as history, economics and politics. The invention of new informal, spontaneous instruments, like other spontaneous types of design, reveals Creolization as a constant in time, the fruit of thousands of relationships and experiments.

The section devoted to objects is divided into 5 levels, or degrees of transformation, with the highest level understood as representing the fullest intuitive capacity shown in combining resolutive functions and elevated criteria of utility, simplicity of use and absolute replicability. Another section is devoted to actions on the territory, divided in its turn into 6 categories, or behavioural analyses: private territorial planning, creative commerce, interactions between public planning and private design, personal solutions to shortcomings in public services, social and commercial communication, personal safety and control of the territory.

2 / INDAGINE / METODO

Emiliano Gandolfi: Il blog è l'espressione evidente di un percorso conoscitivo in evoluzione, dove il concetto di nozione si perde per acquisire una connotazione inclusiva e aperta: è il formato ideale per parlare di queste pratiche.

Per organizzare un discorso attorno a *Low-cost Design* stiamo avviando un dialogo composto da intrusioni, sollecitazioni, divagazioni, ogni sorta di connessione – in qualche modo in sintonia con il principio di contaminazione creativa che è il fulcro di questo manuale.

Daniele, il tuo lavoro si concentra da anni sull'osservazione, la definizione e la catalogazione della creatività spontanea. L'uso illuminante di oggetti rivela consuetudini non convenzionali e l'immaginazione come pratica diffusa quotidiana. Com'è nato questo tuo interesse?

Daniele Pario Perra: Ho avviato *Low-cost Design* nel 2001 iniziando, quasi inconsapevolmente, a fotografare oggetti e azioni con l'obiettivo di indagare la creatività spontanea e le sue applicazioni. Oggi è un archivio di migliaia di fotografie, scattate muovendomi tra il Nord Europa e il Sud del Mediterraneo, quasi senza sosta. Anche se non posso ritenermi un fotografo, la macchina fotografica è diventata lo strumento fondamentale per le ricerche sul campo: solo l'immagine può immagazzinare e rendere fruibili con immediatezza una tale quantità di dati.

Nella scelta delle immagini ho prediletto quelle più ricche di connessioni in senso sia verticale sia orizzontale: per verticale intendo una scelta di oggetti e azioni in cui fossero visibili la temporalità della loro storia evolutiva, e per orizzontale la scelta di oggetti e azioni simili sviluppatisi in aree geografiche differenti nel medesimo arco temporale, per favorirne la comparazione. L'immagine non mette in evidenza esclusivamente gli oggetti o le azioni, ma li inserisce nel contesto sociologico e culturale in cui questi si sviluppano. L'obiettivo è dimostrare sia l'evoluzione progettuale sia la contaminazione culturale.

EG: *Low-cost Design* non è una semplice collezione di immagini, ma un tentativo quasi enciclopedico di catalogare diversi usi creativi di oggetti, azioni, a volte anche di comportamenti. In un momento di crisi del sistema industriale del design, stai affermando l'estrema ricchezza di stimoli generati dal basso, in una dimensione tipicamente locale e legata in modo imprescindibile a uno specifico contesto economico, sociale e culturale. L'altro aspetto fondamentale mi sembra l'attenzione al processo, alla genesi e all'evoluzione nel tempo di questi gesti creativi.

→

2 / SURVEY / METHOD

Emiliano Gandolfi: The blog is the obvious expression of an evolving cognitive route, rejecting the concept of the abstract notion and acquiring an inclusive and open connotation: it is the ideal format for talking about these practices.

To organize a discourse around *Low-cost Design* we are undertaking a dialogue consisting of intrusions, requests, digressions, all sorts of connections – somehow attuned to the creative principle of hybridization, which is the central point of this manual.

Daniele, for years your work has focused on the observation, definition and cataloguing of spontaneous creativity. The enlightening use of objects reveals unconventional outlooks and imagery as a widespread everyday practice. What first awakened your interest in this?

Daniele Pario Perra: I started *Low-cost Design* in 2001 when I began, almost unwittingly, to photograph objects and actions with the objective of investigating spontaneous creativity and its applications. Today it is an archive containing thousands of photographs, taken while travelling between Northern Europe and the Southern Mediterranean, almost without a break. Though I can't call myself a photographer, the camera became the essential instrument for research in the field. Only the image can store such a quantity of data and make it immediately comprehensible.

In choosing the images I favoured those richest in both vertical and horizontal connections. By vertical I mean a choice of objects and actions which will make the time-scale of their development visible, and by horizontal a selection of similar objects and actions found in different geographic areas in the same time span so as to foster comparison.

The image not only reveals objects and actions, it places them in the sociological and cultural settings where they developed. The objective is to show both the evolution of design and its cultural hybridizations.

EG: *Low-cost Design* is not a simple collection of images, but an almost encyclopaedic attempt to catalogue different creative uses of objects, actions, at times even forms of behaviour. In a period of crisis in the industrial system of design, you're affirming the extreme richness of stimuli generated from below, in a typically local dimension, one indissolubly bound up with a specific economic, social and cultural context. The other fundamental factor strikes me as the attention devoted to the process, genesis and evolution of these creative gestures in time.

→

DPP: Sì, certo. Contrariamente a quanto si possa pensare, questi oggetti e azioni non sono frutto di gesti casuali, ma del susseguirsi di processi creativi, stimolati innanzi tutto dalla necessità, ma anche dalle capacità artigianali e dalle consuetudini, in poche parole dal proprio patrimonio culturale.

L'insieme di questi valori genera una straordinaria capacità pratica di adattamento alle esperienze, in grado di risolvere le necessità del quotidiano, con l'abilità paragonabile a quella di un bambino e la progettualità di un ingegnere. Sono gesti carichi di una grande abilità visionaria applicata alla sperimentazione pratica. Se associamo queste osservazioni alla storia e alla vita degli abitanti di un territorio, possiamo sviluppare un'infinità di connessioni, a partire dalla sociologia fino al design, dall'arte all'architettura, dall'urbanistica fino all'etnografia contemporanea.

Per rendere visibili queste connessioni ho scelto di procedere a una classificazione per categorie, innanzitutto distinguendo gli oggetti prodotti da azioni che modificano l'uso del territorio: 5 livelli per gli oggetti e 6 azioni principali. Sarebbe stato limitante valutare solo la qualità dell'idea o della progettazione, come nel caso dell'analisi degli oggetti. Nell'analisi delle azioni intervengono molti fattori e un sistema di riferimento collettivo la cui comprensione è fondamentale per sviscerarne le implicazioni sociali. Le azioni sul territorio hanno sempre un effetto di riverbero ampio che va oltre chi ha compiuto quell'azione.

EG: Uno degli aspetti più interessanti della tua ricerca è appunto l'associazione di comportamenti e pratiche progettuali spontanee e la loro influenza nell'appropriazione e nell'uso quotidiano degli spazi. È di fatto la manifestazione evidente di quello che Joseph Beuys concepiva come "a radical widening of definitions" (un radicale allargamento di definizione) che renderà possibile la concezione dell'arte come "l'unica forza evolutiva-rivoluzionaria". Nella stessa dichiarazione Beuys affermò: "Every human being is an artist" (ogni essere umano è un artista). In questa chiave trovo che il tuo lavoro abbia un senso altamente rivelatore delle potenzialità latenti di trasformazione della società. È un cambiamento che nasce da una profonda consequenzialità con il contesto circostante e con la cultura specifica che la genera.

Il tuo atlante della creatività non si concentra tanto sul riciclaggio di oggetti quanto sulla pratica e il percorso culturale che può generare un salto quantico nell'uso degli oggetti per come siano stati concepiti, e mostra come l'oggetto prodotto non sia altro che una agglomerato di fantasia inespressa, riformata di volta in volta da un proprio contesto culturale.

DPP: Yes, certainly. Contrary to what one might think, these objects and actions are not the result of chance gestures but the succession of creative processes, stimulated first of all by necessity, but also by craft skills and customs, in short by people's cultural heritage.

The whole cluster of these values produces an extraordinary practical capacity of adaptation to experience, capable of meeting everyday needs, with an ability comparable to that of a child and the design skills of an engineer. They are gestures charged with an immense visionary ability applied to practical experimentation. If we associate these observations with the history and lives of the inhabitants of a region, we can develop myriads of connections, ranging from sociology to design, from art to architecture, from urban design to contemporary ethnography.

To make these connections visible I've chosen a classification by categories, above all distinguishing the objects produced by actions that change the use of the territory, with 5 levels for objects and 6 principal actions. It would have been limiting to appraise only the quality of the idea or the design, as in the case of the analysis of objects. In the analysis of actions numerous factors are at work with a system of collective reference. Understanding this is fundamental if we are to examine its social implications. Actions on the territory always have broad aftereffects that go beyond the person who performs a given action.

EG: One of the most interesting aspects of your research is the association of spontaneous design behaviours and practices and their influence in the appropriation and the everyday use of spaces. It is in fact the evident manifestation of what Joseph Beuys conceived as "a radical widening of definitions" which makes possible the conception of art as "the only evolutionary-revolutionary force". In the same declaration Beuys said "every human being is an artist". In this respect I find your work has an extremely revelatory sense of the latent capacity for the transformation of society. It is a change that stems from a profound consequentiality with the surrounding context and the specific culture that produces it.

Your atlas of creativity does not focus on the recycling of objects so much as on the practice and cultural path that can produce a quantum breakthrough in the use of objects by the way they were conceived. It shows how the object produced is simply an unexpressed amalgam of imagination, reformed from time to time by its cultural context.

DPP: Talking about recycling risks approaching the subject in a reductive way, because it only

DPP: A parlare di riciclaggio si rischia di affrontare il tema in maniera riduttiva, perché si affronta solo la trasformazione e il cambio d'uso dettato dalle regole della necessità. Io preferisco parlare di metamorfosi in senso quasi naturalistico, perché non cambia solo l'oggetto, ma la somma delle idee, innovazioni, conoscenze e pensieri che lo compongono nella sua totalità, cambia la sua natura. Per questo è importante analizzarlo a più mani, occhi e saperi distinti.

EG: In *Low-cost Design* c'è qualcosa di più profondo rispetto l'idea di riciclaggio come pratica di trasformazione del superfluo. Il riciclo è inteso come seconda vita di un oggetto, come per esempio in molte pratiche culinarie lo è l'utilizzo delle rimanenze in cucina (l'uso del pane vecchio per i canederli, e altre centinaia di soluzioni di questo tipo praticate in tutte le regioni del mondo). Oggi, anche in relazione alla crisi ecologica che stiamo attraversando, vediamo l'emergere di molte pratiche intese come riuso degli scarti, come chiara manifestazione della necessità di non produrre rifiuti che non riusciremo mai a smaltire se non a costo di maggiore inquinamento.

L'aspetto che mi interessa far risaltare è la consapevole o inconsapevole carica politica di questo percorso di trasformazione. L'aspetto più propriamente creativo non è esclusivamente quello che di solito s'intende come design, cioè la trasformazione di un artefatto. Ma piuttosto la capacità di saper osservare ogni oggetto, circostanza e necessità come una materia instabile, da trasformare in base alle proprie esigenze. Questa esplorazione è una dimensione diffusa di quello che Duchamp faceva con l'*objet trouvé*, ma rispetto alla ricerca duchampiana, *Low-cost Design* si muove in una dimensione di *imagination trouvée*. Trova la creatività di trasformazione e con questo dà risalto alla facoltà diffusa di non accettare nessun prodotto come definitivo, guardare di là da quello che il mercato ci consegna o che le politiche ci indicano: trovare costantemente un proprio modo di vedere, di trasformare, in fondo di vivere, fuori dal contesto circoscritto dalle regole.

DPP: Nell'atto del vedere, del cercare, si rappresenta la facoltà di non accettare nessuna cosa come definitiva, alla ricerca di una stratificazione continua di usi e possibilità. Il metodo in cui è stata condotta la ricerca affronta implicitamente il tema della visione, della capacità di osservazione e di come indaghiamo il territorio durante il nostro passaggio. Sono sempre alla ricerca di modifiche riconducibili all'azione di altri uomini o di diverse conoscenze applicate. Spesso quando camminiamo guardiamo la strada frontalmente, proseguendo in direzione →

considers the transformation and the change in use dictated by need. I prefer to talk about a metamorphosis in almost naturalistic terms, because it's not just the object that changes, but the sum of the ideas, innovations, knowledge and thoughts that compose it as whole: its nature changes. For this reason it's important for it to be analyzed by different people and through different eyes using different skills.

EG: In *Low-cost Design* there's something deeper than the idea of recycling as a practice of transforming the superfluous. Recycling intended as the second life of an object, or even, as in cooking, like using up leftovers in the kitchen (say using stale bread in *canederli*, and hundreds of ideas of this kind as practised in all the regions of the world). Today, partly because of the ecological crisis we're going through, we see a lot of practices emerging to reuse scrap, clear evidence of the need not to produce waste which we will never manage to dispose of, except at the cost of greater pollution.

The point that I want to bring out is the conscious or unconscious political charge of this path of transformation. The more strictly creative aspect is not just what is commonly understood as design: the conversion of an artefact. Rather it's the ability to observe every object, circumstance and necessity as an unstable material to be transformed to suit your needs. This exploration is a common dimension of what Duchamp did with the *objet trouvé*. But compared to Duchamp's work *Low-cost Design* moves in a dimension of *imagination trouvée*. It explores the creativity of transformation and so gives prominence to the widespread faculty of not accepting any product as definitive, looking beyond what the market or politics give us. The aim is consistently to find our own point of view, to transform and ultimately live outside the contexts limited by rules.

DPP: The act of seeing, of searching, should develop the faculty of not accepting anything as definitive, through a continuous stratification of uses and possibilities. The method underpinning the research implicitly addresses the theme of vision, the capacity of observation and how we investigate the territory as we move through it. I am always in search of alterations that can be traced to the actions of others or different forms of applied knowledge. Often when we're out walking we look straight ahead at the road, following a straight line. But around us, on the margins of our visual field, there exists a parallel world: the place of an alternative sociality, economy and legislation. By looking in other directions instead of straight ahead, we always find hidden, lateral gestures, by their very nature less visible and so less removable. I like to call →

retta. Ma attorno a noi, ai margini del nostro spettro visivo, esiste un mondo parallelo: il luogo di una socialità, economia e legislazione alternativa. Guardando in altre direzioni che non siano a noi frontali, troviamo sempre gesti nascosti, laterali, per loro stessa natura meno visibili e pertanto meno rimovibili. Mi piace definire questo approccio "visione laterale". Basta fare una prova camminando sul marciapiede di casa e guardare ovunque con la coda dell'occhio per scoprire un universo parallelo e inaspettato.

3 / SOCIOLOGIA URBANA E ALTRE STORIE
DPP: Sono sempre stato affascinato dalle indagini comportamentali e sociologiche dei luoghi. In particolare dalle relazioni interne alle strutture sociali e ai processi di comunione o di segregazione tra le persone, o tra gli stessi gruppi all'interno di un contesto sociale più ampio. In qualche modo ho sempre inteso questo progetto in termini sociologici, per un'ispirazione metodologica alla ricerca sul campo e alla fascinazione per lo studio dei comportamenti individuali e collettivi in relazione all'uso dello spazio.
Non sono invece particolarmente interessato agli oggetti o ai loro usi in termini di applicazioni tecnologiche fine a se stesse, quanto agli usi creativi in relazione a un preciso contesto culturale e tesi a soddisfare un particolare bisogno. L'oggetto è un interessante risultato pratico, ma l'aspetto più affascinante è lo studio dei processi che hanno portato alla sua ideazione.
Queste sperimentazioni nascono generalmente in situazioni di necessità, ai margini del consumismo più frenetico, nelle quali ci si tramanda da generazioni la tradizione dell'arte del saper fare, della condivisione, e nelle quali una certa precarietà diventa fonte d'immaginazione, di sfruttamento di risorse inconsuete e di ricerca di opportunità.
La creatività spontanea, se così la possiamo definire, può essere studiata come fenomeno sociale perché è libera da condizionamenti esterni, non è generata da applicazioni sul mercato o da un particolare percorso di conoscenze tecniche. Per questo possiamo riconoscere l'oggetto re-inventato o l'azione innovativa sul territorio come proiezioni dello status del suo inventore, della sua cultura e in qualche modo della sua valutazione sul contesto circostante.
EG: Sottratto alla competenza della gente di mestiere, il design può diventare storia di umanità. Possiamo leggere ogni oggetto come la cristallizzazione di complesse relazioni sociali. È come se il DNA della creatività spontanea risiedesse nella capacità di sintetizzare in un gesto semplice, a volte immediato, una necessità profonda, ancestrale, ma mai realmente soddi-

this approach "lateral vision." Just do an experiment by walking on the floor of your home and looking around out of the corner of your eye to discover a parallel and unexpected universe.

3 / URBAN SOCIOLOGY AND OTHER STORIES
DPP: I've always been fascinated by behavioural and sociological surveys of places. In particular by the relations within social structures and processes of community or segregation between people or between groups within a broader social context. Somehow I've always understood this project in sociological terms, because it is methodologically inspired by research in the field and a fascination with the study of individual and collective behaviours in relation to the use of space.
On the other hand I'm not particularly interested in objects or in their uses in terms of technological applications as ends in themselves so much as in their creative uses in relation to a precise cultural context and as tending to satisfy a particular need. The object is an interesting practical result, but the most fascinating aspect is the study of the processes that have led to its invention.
These experiments generally stem from necessity, in situations on the margins of hectic consumerism. The tradition of the art of making do, of sharing, is handed down for generations and a certain precariousness becomes a resource for the imagination, the exploitation of unusual resources and the quest for opportunities.
Spontaneous creativity, if we can call it that, can be studied as a social phenomenon because it is free from external constraints, it is not generated by applications on the market or a special kind of know-how. For these reasons we can recognize the reinvented object or the innovative action on the territory as projections of the status of their inventors, of their culture and to some degree their evaluation of the surrounding context.
EG: Rescued from the skills of professionals, design can become the history of humanity. We can read every object as the crystallization of complex social relationships. It is as if the DNA of spontaneous creativity resided in its capacity to epitomize a profound, ancestral necessity in a simple and at times immediate gesture, but one never really satisfied. It shows how our cities are always planned in a single direction, being imposed on their inhabitants. The gestures you've documented are redemptive anarchic actions, they reveal the imagination flow-

sfatta. Mostra come le nostre città siano sempre progettate a senso unico, come una sorta d'imposizione ai cittadini. I gesti che hai documentato sono delle azioni anarchiche liberatorie, mostrano la fantasia fiorire nelle pieghe della città, prendere possesso degli spazi interstiziali, sovvertire l'ordine prestabilito.

DPP: La dimostrazione tangibile di come questi usi siano generati da relazioni sociali precise è il ritrovare oggetti e usi simili in luoghi distanti ma comparabili in termini di condizioni socio-ambientali accomunate dalle stesse necessità. Questi esempi sono ampiamente documentati in questa ricerca: cerchioni di auto per avvolgere il tubo di gomma da irrigazione, pezzetti di pane in cima ai bastoncini per cibare i piccoli volatili urbani e non gabbiani e piccioni, o palloni da calcio usati come galleggianti dai pescatori di mari lontanissimi tra loro.

Si riscontrano le stesse similarità in termini di usi creativi degli spazi: tanto più un uso semplice risolve necessità complesse, tanto più sarà diffuso a macchia d'olio per soddisfare simili esigenze. Possiamo incontrare le stesse funanboliche coreografie espositive dei venditori ambulanti in mezzo mondo, possiamo scoprire orti pubblici urbani strutturalmente identici in città lontane, possiamo ritrovare in luoghi diversi abitazioni trasformate in negozi che usano le finestre come vetrina e specchi retrovisori di autobus attaccati fuori dai portoni delle case per il controllo degli accessi.

A volte questi processi possono apparire poco riconoscibili se ci si limita solo all'osservazione visiva. Diversamente dalla maggior parte degli oggetti standardizzati che troviamo in commercio, queste soluzioni non hanno necessariamente un aspetto subito riconoscibile e pronto all'uso. I creativi anonimi, di cui ho documentato le opere, producono soluzioni a necessità quotidiane, di solito sono avulsi da un percorso progettuale, inventano oggetti semplicemente per migliorare il proprio stile di vita.

EG: In qualche modo potremmo coniare il termine di "creatività parallela". Un esercizio d'immaginazione non teso a soddisfare le esigenze del mercato ufficiale, ma piuttosto un gesto creativo in grado di rispondere a necessità che non trovano una risposta immediata in termini di prodotti o di risposte politiche adeguate.

DPP: Molte volte, affascinato dalle loro opere, mi sono chiesto chi fossero gli autori, sono stato preso dalla voglia di ritrarli e di registrare le loro testimonianze, ma in questo modo avrei distolto l'attenzione dal gesto creativo. Per dare risalto a questo esercizio di "creatività parallela", volevo evitare l'aspetto puramente documentario sulle condizioni di vita perché rischia- →

ering in the recesses of the city, taking possession of interstitial spaces, undermining the pre-ordained order.

DPP: The tangible demonstration that these uses are generated by precise social relationships is shown by the fact similar objects and uses are found in places located some distance apart but comparable in terms of socio-environmental conditions which reflect shared necessities. Examples, widely documented in our research, are the wheel rims of cars used for winding rubber irrigation hoses around, pieces of bread on top of sticks for feeding small birds in towns, but not gulls and pigeons, and soccer balls used by fishermen as net floats in seas far apart.

We find the same resemblances in the creative use of spaces. The more fully a simple use copes with complex requirements, the more widely it will spread to satisfy similar needs. We find the same acrobatic choreographies of display among street vendors around the world; we can discover urban public gardens that are structurally identical in cities far apart; we can find homes in different places transformed into shops and using the windows for displaying goods, we find rear vision bus mirrors attached outside the houses to keep an eye on the entries.

At times these processes may appear difficult to recognize if we limit ourselves to visual observation alone. Unlike the majority of standardized objects that we find in commerce, these solutions do not necessarily come in a guise that is immediately recognizable and ready for use. The nameless creative people whose works I have documented produce solutions to everyday needs. Usually without any regular contacts with design, they invent objects simply to improve the way they live.

EG: In a way we could coin the term "parallel creativity" for all this. An exercise of imagination which aims not to satisfy the requirements of the official market but rather a creative gesture capable of meeting needs that do not find an immediate response in terms of suitable products or political responses.

DPP: Fascinated by their work, I frequently asked myself who the inventors were. I was gripped by the desire to portray them and record their testimonies, but this would have distracted attention from the creative gesture. To give greater prominence to this exercise of "parallel creativity", I wanted to avoid the purely documentary aspect of living conditions because it risked detracting from the primary objective of this research. As a result I preferred not to include a caption indicating the geographic origin of the images, though this is an extremely important factor. →

va di sviare dall'obiettivo primario di questa ricerca. E di conseguenza ho preferito non indicare nelle didascalie il luogo geografico di provenienza delle immagini, seppur sia un aspetto estremamente importante.

Un altro motivo che mi ha spinto a non etichettare le immagini per luoghi di provenienza è per non avvalorare false credenze o cliché. È infatti convinzione comune che i paesi dell'Europa meridionale siano terreno più fertile per la creatività spontanea, stimolata per esempio da una interpretazione libera delle leggi. In realtà, dalla ricerca sul campo emerge una certa omogeneità di soluzioni creative nei paesi del sud quanto in quelli del Nord Europa, semplicemente cambiano gli usi e le priorità. A sud la creatività spontanea è più visibile perché prevalentemente diretta a colmare le lacune delle amministrazioni locali. Nel nord dell'Italia e della Francia, in Svizzera, in Germania e in Olanda, la ragione primaria degli inventori spontanei non è solitamente risolvere le urgenze quotidiane, ma la possiamo definire piuttosto una creatività del tempo libero. I giardini delle casette nelle aree suburbane nord europee sono un accumularsi di piccole invenzioni, fatte quasi per divertimento. Interi parchi giochi costruiti da privati su suolo pubblico con materiali riciclati, centinaia d'invenzioni per l'orto e il giardino, attrezzature sportive di ogni genere perfettamente re-inventate. Questi dati mettono in discussione il principio, probabilmente influenzato da una visione romantica, secondo cui solo la necessità primaria favorisce la creatività. Non esistono invece differenze tra nord e sud del mondo nel senso del trasferimento tecnologico per queste pratiche.

L'oggetto in questo caso diventa "altro", acquisisce una sua memoria fatta di segni e sensi grazie ai quali riesce a tramandarci la sua storia. Basta prenderlo in mano per comprendere che assieme alla sua meccanica ci sono stati trasferiti anche gli strumenti per smontarlo, ricostruirlo e arricchirlo. La storia del manufatto ci rende consapevoli, a nostra volta, sia del codice tecnologico sia degli strumenti che ci consentono di procedere nella ricerca, in termini sociologici, ambientali, culturali.

Come molte pratiche proprie dell'evoluzione umana, la "memoria segnica" o sensoriale non può esistere senza essere trasferita. Essa affronta un percorso costellato di ostacoli per portare fino a noi il suo codice genetico, superando le difficoltà della tramandazione tra persone, popoli, generazioni e culture anche molto diverse tra loro.

Nella cultura dell'oggetto i valori "morali" vanno in secondo piano, davanti alle memorie scientifiche ed esperienziali. Qui, l'incontro dei saperi ha poco a che fare con quei valori mora-

Another reason that dissuaded me from labelling the images by place of origin was so as not to confirm false beliefs or clichés. It is commonly believed that the countries of Southern Europe offer a more fertile terrain for spontaneous creativity, stimulated for example by a free interpretation of the laws. In reality, from research in the field there emerges a certain creative homogeneity of solutions in the countries of Southern and Northern Europe, though customs and priorities change. In the south spontaneous creativity is more visible because it is mainly aimed at making good the shortcomings of local government. In the north of Italy and France, in Switzerland, Germany and Holland, the principal motive of the spontaneous inventors is not usually to cope with urgent everyday needs: we can define it rather as a form of leisure creativity. The gardens of houses in the suburban areas of Northern Europe are an accumulation of small inventions, made almost for pleasure. Whole playgrounds are built by private citizens on public land using recycled materials, hundreds of inventions for gardens and allotments, sports equipment of all kinds perfectly reinvented. These facts call in question the principle, probably influenced by a romantic vision, that only primary necessities favour creativity. There are no differences between the north and south of the world in the sense of technological transfer for these practices.

The object in this case becomes different, it acquires a memory made up of signs and senses, thanks to which it manages to hand down its story to us. You only need to hold it in your hand to understand that together with its mechanism it also expresses the instruments for dismantling, reconstructing and enhancing it. The history of the artefact makes us aware, in our turn, of the technological code and the tools that enable us to carry out our research, in sociological, environmental and cultural terms.

Like many practices inherent in human evolution, the sign or sensory memory cannot exist without being transferred. It follows a path strewn with obstacles to bring us its genetic code, overcoming the difficulties entailed in handing it down across individuals, peoples, generations and cultures which may be very different from each other.

In the culture of the object moral values fall into the background, behind scientific and experiential memories. Here the meeting of skills has little to do with those moral and conventional values that differentiate generations and different cultures. On the contrary the intuition embodied in the object, enriched from time to time by the experiences of others, by its very

li e convenzionali che differenziano le generazioni e le diverse culture; al contrario l'intuizione riposta nell'oggetto, arricchita di volta in volta dalle esperienze di altri, per sua stessa natura diventa un valore in relazione alla stratificazione. La memoria dell'oggetto ha una sua vita propria difficilmente intaccabile dalle tante varianti che nel corso dei secoli possono intervenire a inficiarne il processo di trasferimento. Stesso discorso vale per il grande libro aperto di segni che è la città: qui la memoria da trasferire è ancora più ricca, visibile e impersonale, proprio perché riferita alla sua dimensione collettiva. Diversamente da altre applicazioni dell'intelligenza umana, tutte queste azioni sono trasferite in modo quasi completo, proprio perché riscontrabili e replicabili, attraverso nuovi codici e nuovi strumenti che consentono di reinterpretarne l'uso e l'efficacia.

L'oggetto in senso ampio, così come la città, è inscindibile da criteri di evoluzione. Misuriamo l'evoluzione della città grazie alla somma delle identità che interagiscono nello spazio comune e in parte ne determinano una sorta di autogestione impossibile da pianificare. Se consideriamo le migliaia di attori che intervengono sui singoli processi, diventa inefficace programmare la totalità degli usi. Per questo non ci devono stupire i limiti e i risultati di questa combinazione: a volte persino pensiero privato e pensiero istituzionale si fondono in questo processo caotico.

EG: Dal punto di vista urbano, la fusione della struttura formale della città con l'insorgere di fenomeni di adattamento spontaneo e di autogestione è indice di un'evidente miopia verso le esigenze locali dei cittadini. La necessità di costruirsi da soli i servizi non forniti dagli organi competenti è un chiaro segno della mancanza di dialogo e confronto con le istituzioni. Ma d'altra parte rappresenta anche una dimensione più complessa di appropriazione e di volontà di partecipazione nel processo di uso della città. I campi da calcio disegnati sui selciati delle nostre piazze, le sedie nascoste tra gli interstizi degli edifici, i cartelli stradali auto-prodotti, le riparazioni di fortuna a panchine e cassonetti pubblici indicano l'emergere di una visione dinamica del contesto urbano, in costante rinegoziazione del proprio ruolo e dell'uso degli spazi pubblici.

Nei contesti nei quali non avvengono questi momenti di adattamento spontaneo ai propri usi, si può constatare una maggiore sintonia con le istituzioni di pianificazione, ma anche una resa a un ordine prestabilito. Una forma definita a priori che non sempre riesce a ospitare la complessità e la stratificazione delle diverse esigenze presenti nel territorio. La fusione tra   →

nature becomes a value in relation to this stratification. The memory of the object has its own life which is difficult to damage by the many variants that may intervene through the centuries to challenge the process of its transfer. The same is true of the great open book of signs that is the city. Here the memory to be transferred is even richer, more visible and impersonal, precisely because it is related to its collective dimension. Unlike other applications of human intelligence, all these actions are transferred almost complete, because they can be verified and replicated through new codes and new tools that allow for reinterpretations of their use and effectiveness.

The object in the broad sense, like the city, is inseparable from criteria of development. We measure the development of the city by the sum of the identities that interact in the common space and in part determine a sort of self-management of it, which it is impossible to plan. If we consider the thousands of actors who intervene in the individual processes, it becomes clear we are ineffectual to programme the whole range of uses. For this reason we should not be surprised by the limits and results of this combination: at times even private thinking and institutional thinking are fused in this chaotic process.

EG: From the urban point of view the fusion of the formal structure of the city with the development of spontaneous phenomena of adaptation and self-management are indicators of an obvious myopia towards the local needs of citizens. The urge to build for oneself the facilities not provided by the competent authorities is a clear sign of the lack of dialogue and debate with the institutions. But it also represents a more complex dimension of appropriation and the desire for participation in the process of the use of the city. The soccer pitches drawn on the paving in our piazzas, the chairs hidden in the interstices of buildings, the self-produced road signs, the makeshift repairs to public benches and bins, all indicate the emergence of a dynamic vision of the urban context, constantly renegotiating the role of the inhabitants and the use of public spaces.

In contexts where these spontaneous adaptations to people's needs do not occur we find a greater harmony with the planning bodies, but also surrender to a preordained order. Forms defined a priori do not always manage to accommodate the complexity and stratifications of the various needs present in the territory. The fusion between a formal dimension and the emergence of informal spontaneous impulses are increasingly being embodied as the new   →

una dimensione formale e l'emergere di impulsi spontanei informali sono sempre più presi in considerazione come nuove direttrici di pianificazione: architetti, designer e teorici urbani di tutto il mondo stanno rivalutando queste pratiche condivise. L'ambizione è quella di definire spazi nei quali si possa stimolare l'emergere di identità culturali diverse, di usi alternativi e di senso di appropriazione.

4/ CREATIVITÀ SPONTANEA

DPP: Dal punto di vista commerciale e amministrativo, la creatività si quantifica di solito in relazione a un territorio e in base alla quantità di brevetti presenti. Diversamente la creatività spontanea è il moto di idee che è alla base della progettazione a fini non commerciali, sempre legata al territorio. Ma se gli strumenti per misurare la creatività aziendale sono riduttivi, quelli per identificare la creatività spontanea sono esigui. Lo studio dei brevetti resta quindi il metodo predominante per individuare la creatività presente in un territorio: tralasciando tra l'altro che spesso la creatività si sviluppa per geografie culturali, e non per confini geografici. Per esempio, nonostante la Silicon Valley sia considerata la culla della creatività – grazie al suo primato di brevetti a livello mondiale –, in realtà non esiste una vera relazione ambientale che favorisca la creatività se non la concentrazione di imprese commerciali che operano in campo creativo. Pertanto non possiamo dividere le aree creative secondo la geografia politica dei paesi, ma dobbiamo individuare la loro geografia culturale. Dobbiamo studiare quanto le persone siano legate ai possibili indici di creatività attraverso la loro relazione con le conoscenze scientifiche, culturali, naturali e talvolta religiose che risiedono nel proprio territorio e nelle sue strutture sociali. L'obiettivo è quantificare dati su base territoriale, senza considerare il legame tra creatività e geografia in modo chiuso ed esclusivo: è invece importante relazionarlo, in modo trasversale, alla medesime condizioni ambientali e culturali.

In *Low-cost Design* troviamo decine di esempi di oggetti e comportamenti quasi identici tra loro, ma riscontrati in luoghi a volte distantissimi. Il primo tra questi è ritratto nella copertina del libro: il caffè preparato sul ferro da stiro fotografato nel sud dell'Italia e il caffè sul ferro da stiro fotografato nel sud della Grecia. Entrambe usano la stessa fonte di calore in mancanza del gas, ma si differenziano culturalmente: in Italia l'uso della moca si distingue dall'uso dell'ibrik per il caffè turco. Una differenza che arricchisce la connotazione geografico-culturale, senza mettere in discussione l'uso della stessa pratica a centinaia di chilometri di distanza.

guidelines in planning: architects, designers and urban theoreticians around the world are revaluing these shared practices. The ambition is to define spaces in which it is possible to stimulate the emergence of different cultural identities, alternative uses and the sense of appropriation.

4 / SPONTANEOUS CREATIVITY

DPP: In commercial and administrative terms, creativity is commonly quantified in relation to a region and based on the number of patents produced in it. Spontaneous creativity is the movement of ideas that underlies design for non-commercial purposes, and it is always closely bound up with the territory. But if the instruments for measuring business creativity are reductive, those that identify spontaneous creativity are inadequate. The study of patents therefore remains the predominant method for identifying the creativity present in a region. But this is to overlook the fact that creativity often develops by cultural geographies and does not respect geographic boundaries. For example, although Silicon Valley is considered the cradle of creativity, because of its outstanding number of patents worldwide, in reality there is no true environmental relationship that favours creativity except the concentration of businesses working in a creative field. So we cannot divide up creative areas according to the political geography of countries. We have to identify their cultural geography. We should study to what extent people are covered by the possible indicators of creativity through their connections with the scientific, cultural, natural and sometimes religious knowledge that resides in their territory and its social structures. The objective is to quantify the data on a territorial basis, without considering the ties between creativity and geography in closed and exclusive ways. Instead it is important to relate them transversally to the environmental and cultural conditions.

In *Low-cost Design* we find dozens of examples of objects and almost identical behaviours occurring in places which are sometimes a long way apart. The first of them is depicted on the cover of the book: the coffee being made on the iron photographed in the south of Italy and coffee made on an iron photographed in the south of Greece. Both use the same heat source because of the lack of gas, but they're differentiated culturally. In Italy the use of the mocha is distinguished from the use of the ibrik for Turkish coffee. This difference enhances the geo-

EG: Nella tua ricerca c'è un continuo ritorno di soluzioni, rimandi poetici, consuetudini arrangiate in maniera sorprendente, in zone distanti tra loro. Fa pensare a un inesorabile ripetersi di condizioni simili, ma anche di ispirazioni comuni, di suggestioni e desideri finalmente soddisfatti dalla necessità e forse anche dal piacere dell'inventiva e della costruzione manuale. Vedere le soluzioni tutte insieme in questo atlante fa da un lato emergere le esigenze primarie che questi oggetti e queste azioni ricoprono: mostrano una carenza, una necessità. Ma dall'altro evidenziano l'emergere di una straordinaria capacità nell'individuare funzioni alternative, di sviscerare usi nascosti e in fondo di comprendere la vera anima degli oggetti, al di là dell'uso più convenzionale promosso dai produttori e dalle convenzioni. Spesso viene da chiedersi se ci sia un reale fenomeno di emulazione e di diffusione di certe pratiche, o se semplicemente alcuni fenomeni si ripresentino ispirando soluzioni simili a persone e contesti diversi.

DPP: Quando ragiono sul rapporto tra condizioni ambientali e risposte progettuali o comportamentali, mi piace pensare a un paragone con le pratiche creative degli animali. Diventa un modo per osservare un esempio "puro" del legame tra creatività, ambiente e condizioni di vita, scevro da condizionamenti culturali.

C'è un esperimento leggendario avvenuto a Koshima, in Giappone, sul finire degli anni cinquanta che mi ha sempre affascinato per la sua forza espressiva. Alcuni ricercatori stavano studiando la trasmissione di comportamenti tra gli animali e in modo specifico tra le scimmie residenti nell'isola di Tokunoshima. Fu insegnato ad alcune scimmie a cibarsi di patate dolci non autoctone. Una giovane femmina iniziò a lavare i tuberi per ripulirli dalla sabbia, dimostrando un passo successivo rispetto quanto le era stato insegnato e in qualche modo un avanzamento comportamentale. Col passare dei mesi tutte le scimmie dell'isola impararono il nuovo comportamento. Di lì a pochi mesi avvenne un fatto straordinario: in altre isole e sulla terraferma le scimmie iniziarono a lavare i tuberi alla stessa maniera, senza essersi scambiate "fisicamente" queste informazioni tra loro.

Secondo John Stewart Bell, anche un solo individuo in più – raggiunto un dato numero critico – che si associ in sincronia all'idea collettiva, contribuisce a generare un flusso di energia così potente da rendere quella stessa idea consapevole a ogni membro della stessa specie. Di qui il Teorema di Bell in meccanica quantistica, che vuole dimostrare una comunicazione istantanea tra le singole particelle a velocità superliminale.

→

graphic-cultural connotation, without lessening the significance of the same practice used hundreds of kilometres apart.

EG: In your research there's a continuous recurrence to solutions, poetic cross-references and customs arranged in surprising ways from places at some distance from each other. It suggests an inexorable repetition of similar conditions but also common inspirations, promptings and desires finally satisfied by the need and perhaps also the pleasure of creativity and manual work. To see this atlas of solutions as a whole brings out clearly the primary requirements that these objects and actions entail. They reveal a deficiency, a necessity. But at the same time they emphasize an extraordinary skill at identifying alternative functions, examining hidden uses and ultimately understanding the true souls of objects, quite beyond the more conventional uses fostered by manufacturers and convention. Often one finds oneself wondering whether it is a real phenomenon of emulation at work with the spread of certain practices, or if simply some phenomena are recurrent and inspire similar solutions in different people and places.

DPP: When I reflect on relations between environmental conditions and responses in design or behaviour, I like to make a comparison with the creative practices of animals. It becomes a way to observe pure examples of the connections between creativity, the environment and ways of living, without being culturally conditioned.

There's a legendary experiment that was done at Koshima, in Japan, in the late fifties, which has always fascinated me by its expressive power. Some researchers were studying the transmission of behaviour between animals and specifically between the monkeys resident on the island of Tokunoshima. Some monkeys were taught to feed on sweet potatoes not native to the island. A young female began to wash the potatoes to remove the sand, showing a further step beyond what she had been taught and somehow marking a behavioural progress. In the next few months all the monkeys on the island learned the new behaviour. A few months later something extraordinary happened: on other islands and on the mainland the monkeys began washing the tubers in the same way, without having physically received this information from the original group.

According to John Stewart Bell, once a given critical number is reached, even one individual more associated in synchrony with a collective idea helps generate a flow of energy so power-

→

Questa riflessione ci svela come, esclusi i limiti della geografia politica, escluse le migrazioni di idee di natura aziendale, potrebbe esistere un'altra migrazione spontanea delle intuizioni, magari più connessa al Teorema di Bell. Per questo, anche in territori lontani tra loro, ma in presenza delle stesse necessità, condizioni culturali e ambientali, le modalità progettuali possono coincidere anche senza contatti fisici diretti tra i loro inventori. È una conferma della necessità di indagine per aree creativo-culturali, quindi con le stesse tipicità ambientali, e non per aree creativo-geografiche delimitate dai confini politici. Da qui la necessità di una maggiore flessibilità anche nei criteri di ricerca. Nell'antichità i Greci definivano la creatività come una "capacità poetica", mentre oggi la consideriamo come un aspetto pratico: il punto di unione tra idee e conoscenze tecnologiche, oppure come una forma pedagogica. La relazione tra "capacità poetica" e "capacità tecnologica" invece può guidarci verso metodi di ricerca più aperti e farci cogliere un'idea di sviluppo come concetto ampio, senza una ristretta definizione di limiti.

5 / DESIGN / ESTETICHE

EG: *Low-cost Design* mette in risalto l'inventiva del dilettantismo rispetto al tecnicismo produttivo del design contemporaneo. La possibilità di formare il nostro contesto, di plasmarlo secondo le nostre esigenze e di costruire una dimensione abitabile, diventa un gesto di autodeterminazione e ricontestualizza l'oggetto in una dimensione di funzionalità e di immaginazione di possibili usi non previsti dal mercato, dalle istituzioni, dalla pianificazione.
Il dilettantismo è percepito in una prospettiva di libertà creativa, indipendente dai vincoli della commerciabilità e dalle dottrine estetiche della disciplina. L'oggetto acquista delle esigenze estetiche alternative, non necessariamente legate alle scelte dell'ufficio marketing e forse definisce una dimensione di reale sperimentalismo per il design.

DPP: In relazione al design industriale, *Low-cost Design* ha due obiettivi: la valorizzazione di nuovi canoni estetici e la crescita di progettualità da un punto di vista sia tecnico sia culturale. Il primo punto ci impone una ridefinizione dei canoni estetici, nel tentativo di valorizzare l'estetica del processo e non esclusivamente il suo risultato formale. Questo è un passaggio fondamentale da compiere se si vuole andare oltre l'estrema formalizzazione del design che stiamo vivendo oggi.
Il secondo punto riguarda qualcosa che la ricerca vuole restituire al mondo del design. L'o-

ful as to make every member of the same species aware of the same idea. Hence Bell's theorem in quantum mechanics seeks to demonstrate instantaneous communication between individual particles at superluminary speeds.
This observation reveals that excluding the limits of political geography, excluding the migrations of ideas of a business kind, there could exist another spontaneous migration of intuitions, perhaps related to Bell's theorem. For this reason, even in places far apart but sharing the same necessities and cultural and environmental conditions, the formal modes of design can coincide even without any direct physical contacts between their inventors. This confirms the need for inquiry by creative-cultural areas, those sharing the same environmental features, and not by creative-geographic areas defined by political boundaries. Hence the need for greater flexibility also in research criteria. In antiquity the Greeks defined creativity as a "poetic capacity", while today we consider it as a practical question: the point of union between ideas and technological knowledge, or as a pedagogical form. The connection between "poetic capacity" and "technological capacity" can guide us towards more open research methods and enable us to grasp an idea of development as a broad concept, without a restrictive definition of terms.

5 / DESIGN / AESTHETICS

EG: *Low-cost Design* brings out the creativity of amateurs compared to the productive technicism of contemporary design. The possibility of shaping our context, of moulding to suit our needs and building an inhabitable dimension, becomes a gesture of self-determination and recontextualizes the object in a dimension of functionality and possible imagined uses not foreseen by the market, institutions or planners.
Amateurism is perceived in a perspective of creative freedom, independent of the constraints of marketability and the aesthetic doctrines of the discipline of design. The object acquires certain alternative aesthetic features, not necessarily related to the choices of the marketing office and may even embody a dimension of real experimentalism for design.

DPP: In relation to industrial design, *Low-cost Design* has two objectives: the enhancement of the new aesthetic canons and the growth of purposeful design in both technical and cultural terms. The first point calls for a redefinition of the aesthetic canons in an attempt to enhance

biettivo è quello di incrementare la sensibilità progettuale invitando a osservare gli oggetti in termini di trasformazione e non esclusivamente di fabbricazione. Queste osservazioni mirano a favorire nuovi usi di prodotti già presenti sul mercato, ma in altri segmenti di pertinenza, senza che necessitino di cambiamenti oggettivi ma solo di una nuova distribuzione, di un nuovo scenario e di una nuova comunicazione.

Lo stesso principio si applica anche per gli usi creativi degli spazi: progettare il territorio osservandone la trasformazione vuol dire riflettere le sue costanti capacità evolutive. Il territorio, come l'oggetto, è costantemente modificato dai comportamenti relazionali e culturali della collettività dei residenti. La somma di queste relazioni è tanto più sostanziale quanto più l'oggetto o l'azione che ne derivano sono semplici.

La progettazione spontanea si trasmette da una persona all'altra, e da un uso a un altro, tanto più le azioni sono alla portata di tutti e tanto più saranno riproducibili in luoghi e circostanze diversi. Questo dimostra come nel caso della creatività spontanea la sintesi diventi la massima espressione di qualità.

EG: Da un punto di vista urbanistico questa considerazione si colloca perfettamente nella discussione sulla contrapposizione tra un atteggiamento di tabula rasa e il tentativo di impostare una progettazione di intervento sull'esistente attraverso il coinvolgimento degli abitanti.

Dopo anni di progetti immobiliari che cercavano di creare un contesto "ideale" a livello abitativo, ci si sta rendendo sempre più conto di come questo approccio comporti due effetti estremamente negativi. Il primo è quello di partire sempre da zero, senza prendere in considerazione i difetti specifici, ma neppure i pregi delle comunità che si vanno a dislocare. Il secondo aspetto è che generalmente, quando si costruiscono abitazioni nuove senza integrarle a quelle esistenti, queste saranno abitate da cittadini più abbienti. Ciò comporta un totale sradicamento dei residenti che ci abitavano precedentemente: non soltanto dalle specifiche condizioni spaziali (l'aspetto e la qualità degli edifici e degli spazi pubblici), ma anche dalle condizioni economiche e sociali di quel luogo.

Le connessioni tra le persone, le piccole economie, i rapporti di vicinato, sono caratteri imprescindibili dal senso di comunità tradizionale che oggi spesso si va a ledere in maniera definitiva con la grande scala dei piani di sviluppo urbano contemporanei. In alternativa, la costruzione integrata del nuovo con il vecchio, il coinvolgimento delle comunità locali e l'ascolto delle creatività spontanee presenti nel territorio sono aspetti fondamentali di una progettazione sensibile. →

the aesthetics of the process and not exclusively its formal results. This is a fundamental step if we want to move beyond the extreme formalization of design we are seeing today.

The second point is a quality that research seeks to restore to the world of design. The objective is to heighten the design sensibility by inviting designers to observe objects in terms of transformation and not just of manufacture. These observations seek to foster new uses for products already on the market, but in other segments, without requiring objective changes but only a new distribution, a new scenario and new forms of communication.

The same principle applies to the creative uses of spaces. Designing the territory by observing its transformation entails reflecting its constant evolutionary potential. The territory, like the object, is constantly changed by the relational and cultural behaviours of the community of its inhabitants. The sum of these relations is all the more substantial the simpler the objects or the actions derived from them.

Spontaneous design is transmitted from one person to another and from one use to another, the more actions fall within the scope of all and the more they are reproducible in different places and circumstances. This shows that in the case of spontaneous creativity synthesis becomes the greatest expression of quality.

EG: In urban terms this consideration is perfectly relevant to the discussion on the contrast between a tabula rasa approach and the attempt to plan the intervention of design in the existing city through the involvement of the residents.

After years of real-estate projects that sought to create an ideal context on the level of housing, we are increasingly realizing how this approach entails two extremely harmful effects. The first is that of always starting from scratch, without giving due consideration to the specific needs and not even the good points of the communities that are being ousted. The second factor is that generally, when new housing is built without its being integrated into the existing ones, it will be occupied by the wealthier citizens. This leads to a total uprooting of the residents who lived there before: not only from the specific spatial conditions (the appearance and the quality of the buildings and public spaces), but also from the economic and social nature of that place.

The connections between people, small economies and neighbourhood relations are not essential features of the traditional sense of community, which is often irreparably damaged →

6 / ECOLOGIA

EG: Un altro aspetto che emerge chiaramente dalla tua ricerca è un atteggiamento ecologico di fondo. Dai dati del "Living Planet Report" del 2008, la nostra *ecological footprint* attualmente eccede del 40% il livello di sostenibilità del pianeta. Il riutilizzo degli oggetti e un uso più specifico delle risorse può mostrare una chiara direzione per cambiare tendenza.

Le soluzioni presentate non nascono necessariamente da un impulso ecologico, ma rappresentano molto bene il principio secondo il quale un uso estensivo e specifico degli oggetti e dei nostri spazi quotidiani, semplicemente applicando un po' di buon senso, può fare una differenza radicale in termini di ecologia urbana. Le pratiche di agricoltura urbana, di sfruttamento intensivo delle risorse e di riutilizzo creativo degli oggetti nel quotidiano sono tutti ottimi esempi di diminuzione degli sprechi. Inoltre ogni oggetto riutilizzato rappresenta in qualche modo una denuncia contro una forma di consumismo insostenibile per il nostro pianeta. Una sorta di manifesto per una nuova ecologia urbana, generato dal semplice utilizzo estensivo delle risorse già esistenti.

DPP: Oggi siamo costretti a ridurre lo sfruttamento delle risorse. L'uso eccessivo di petrolio e cemento che si è fatto nell'ultimo secolo per consentirci lo stile di vita attuale – anche a causa di una forte speculazione edilizia e industriale – ha impoverito e devastato il pianeta. L'era dei carburanti fossili volge al termine portandosi dietro, forse in una caduta disastrosa, l'ideologia stessa dello sfruttamento massimo di un'unica risorsa senza una reale diversificazione. *Low-cost Design* nasce da una prerogativa esattamente contraria: promuove l'uso di risorse locali, creatività comprese, e di una diversificazione delle stesse a seconda della specificità del luogo.

Questi spunti per una progettazione sensibile rappresentano una chiara prospettiva ecologica per il futuro. La stessa parola "ecologia", inventata da Ernst A. Haeckel nel 1866, è definita come lo "studio dell'economia della natura". Una definizione che ha 200 anni, ma sembra scritta l'indomani dell'ultima crisi finanziaria: l'ennesima dimostrazione che per troppo tempo abbiamo tenuto separati i concetti di crisi ambientale, dalle implicazioni in termini economici, finanziari e anche culturali. Sul piano dello sviluppo, se per economia intendiamo lo studio e l'impiego razionale delle risorse, non possiamo separarle dalle componenti sociali, politiche e ambientali.

I lavori documentati in *Low-cost Design* invece sono profondamente ecologisti, perché non

today with the large scale of the urban contemporary development plans. As an alternative, the integrated construction of the new with the old, the involvement of the local community and responsiveness to the spontaneous creativity present in the territory are fundamental aspects of sensitive design.

6 / ECOLOGY

EG: Another aspect that emerges clearly from your research is a basic ecological attitude. From the data of the "Living Planet Report" for 2008, our ecological footprint currently exceeds the planet's level of sustainability by 40%. The reuse of objects and a more specific use of resources can produce clear guidelines for a change of tendency.

The solutions presented do not necessarily stem from an ecological impulse, but they clearly represent the principle that an extensive and specific use of objects and our daily space, with the application of a little common sense, can make a radical difference in terms of urban ecology. The urban practices of agriculture, intensive exploitation of resources and creative reuse of objects in our daily lives are all excellent examples of ways to cut waste. Besides, every object reused somehow makes a statement against a form of consumerism unsustainable for our planet. A sort of manifesto for a new urban ecology, generated by the simple extensive use of the existing resources.

DPP: Today we are compelled to reduce the exploitation of resources. The excessive use of oil and concrete in the last century to permit us our present standard of living, in part caused by extensive construction and industrial speculation, has impoverished and devastated the planet. The age of fossil fuels has come to an end, leaving behind it, perhaps as a disastrous aftereffect, the ideology of the greatest exploitation of a single resource without any real diversification. *Low-cost Design* grew out of the precisely opposite concern: it promotes the use of local resources, creativity included, and their diversification to reflect the specifics of a place.

These cues for sensitive design represent a clear ecological perspective for the future. The word "ecology" itself, invented by Ernst A. Haeckel in 1866, is the "study of the economy of the nature." The definition is two hundred years old, but it seems to have been written right after the latest financial crisis, the umpteenth demonstration that for all too long we have kept the concept of an environmental crisis separate from its economic, financial and cultural implications. On the developmental plane, if by the economy we understand the study and

separano né l'oggetto né il territorio dalla relazione con il contesto in maniera più ampia e includono implicazioni in campi del sapere del tutto diversi. Favorire la progettazione ricercando una vita oltre la morte degli oggetti – sia fisica, intesa come perdita delle funzioni, sia culturale, intesa come perdita di status – sono tra gli obiettivi principali del progetto.

EG: Pensare alla seconda vita e alla rigenerazione dei manufatti è oggi quasi un tabù. In un mondo quasi interamente industrializzato e nel quale la produzione è di solito dispersa nei paesi con mano d'opera più economica e per distretti industriali omogenei, c'è il rischio di perdere contatto con i valori culturali e la consapevolezza della catena produttiva – e spesso lo sfruttamento umano – che stanno dietro agli utensili che usiamo quotidianamente. Un oggetto riciclato diventa pertanto un manifesto di autonomia e sensibilità che dovrebbe aiutarci a essere più consapevoli e non vedere gli oggetti esclusivamente come merci, ma come materializzazioni di un processo in corso.

DPP: Nella storia del design ci sono stati movimenti che hanno saputo individuare un percorso alternativo e che hanno trovato risposte culturali e sociali alla richiesta di prodotti industriali. Il Deutscher Werkbund per esempio ha permesso di sensibilizzare la produzione di un design più corretto, sia in termini di forma sia di contenuti. Una struttura a cui aderirono centinaia di artisti, artigiani, architetti, designer, politici e industriali con l'obiettivo di promuovere una nuova cultura del progetto industriale che dovesse tenere conto della qualità artigianale, delle modalità di produzione, dei valori culturali, e possibilmente privo di ornamenti fine a se stessi.

I prodotti non dovevano essere solo rappresentazioni del *brand* ma anche portare un contributo all'utilità comune e al progresso civile. In un momento storico di transizione, il Werkbund si pose come intermediario tra la cultura delle élite e le tradizioni popolari, tra il manufatto e il prodotto industriale, rappresentando la coscienza artistico-culturale di un paese.

La cultura artigiana non produce beni a scadenza culturale o tecnologica quanto la produzione industriale. Con questo non s'intende promuovere l'artigianato come soluzione ai problemi della globalizzazione, ma riproporre le sue modalità culturali e di conseguenza produttive. Per questo promuovere nuove culture produttive artigianali diffuse, oltre alla creazione di nuovi posti di lavoro, è utile alla coesione sociale come ai processi identitari.

Il mercato obbligandoci a vivere nel presente interrompe la relazione con la memoria storica, sia degli oggetti sia del territorio. Questo fa sì che il confronto e la comparazione, alla base di   →

rational employment of resources, we cannot separate them from social, political and environmental factors.

The works documented in *Low-cost Design* are profoundly ecological, because they do not separate the object or the territory from its ties with the context in the broadest ways and include implications in very different fields of knowledge. Fostering design by seeking to give objects a life after death – both physical, in the loss of functions, and cultural, in loss of status – is one of the project's principal objectives.

EG: Devising ways to regenerate artefacts and give them a second life is almost taboo nowadays. In a world almost completely industrialized, in which production is located in countries with cheaper labour and homogeneous industrial zones, there is a risk of losing contact with cultural values and awareness of the chain of production. It also causes human exploitation in many cases, found behind the products we use daily. A recycled object thus becomes a manifesto of independence and sensibility which ought to help us become more aware: not to see objects only as consumer products but as embodiments of a continuing process.

DPP: In the history of design there have been movements that succeeded in identifying an alternative route and found cultural and social answers to the demand for industrial products. The Deutscher Werkbund, for example, heightened awareness of better design in terms of both form and content. It brought together hundreds of artists, craftsmen, architects, designers, politicians and manufacturers with the objective of fostering a new culture of the industrial project, one which would take account of craft qualities, modes of production and cultural values, without using ornament as an end in itself.

Products were meant to be more than just representations of a brand. They were supposed to make a contribution to common utility and social progress. In a transitional historical phase, the Werkbund mediated between the culture of the elite and popular traditions, and between the artefact and the industrial product, representing the artistic and cultural conscience of a country.

A craft culture does not produce objects with a limited cultural or technological duration, as industrial production tends to. Our aim is not to foster craft skills as a solution to the problems of globalization, but to revive their cultural modes and hence productive effects. For this reason we want to promote new cultures of craft production as well as creating new workplaces benefits through social cohesion as well as identitary processes.   →

un qualsiasi processo di crescita ed evolutivo, vengano meno e tolgano al consumatore e al cittadino la facoltà di scelta. Per questo il sistema è in grado di vendere le sue verità come uniche fonti. Se nessuno ci tramanda il concetto che gli oggetti possano essere riparati e rigenerati, continueremo a essere assuefatti all'idea dell'usa e getta. Se applichiamo la stessa riflessione alla memoria del territorio, emerge chiaramente il rischio della tabula rasa, della mancanza di libera scelta e della perdita di usi e abitudini solo apparentemente consolidati.

Una idea di estrema semplicità come per esempio le palline di cibo per i volatili da appendere agli alberi prodotte in Olanda, ha innumerevoli connotazioni. È un modo per riciclare il pane raffermo, avvicinare i bambini alla cura degli animali, è un oggetto piacevole esteticamente e costa pochissimo. Inoltre, nella semplicità dell'oggetto non mancano considerazioni più complesse, come la selezione dei volatili, per evitare di attirare gabbiani e piccioni. Lo stesso oggetto è diffuso, prodotto in maniera spontanea, in tutto il Mediterraneo.

La trasformazione spontanea di un oggetto o del territorio è già di per sé un gesto politico di ribellione (sia in positivo che in negativo), una sorta d'implicito attivismo culturale anche di natura ecologista. In certe culture esasperatamente consumistiche e in un'epoca in cui pochi sanno usare un cacciavite e acquistano quotidianamente cibi precotti, anche solo il rilancio del saper fare è già un gesto politico ed ecologista che riporta a conoscenze già acquisite nel tempo.

7 / RICERCA / APPLICAZIONI

DPP: L'analisi delle necessità all'origine di questi interventi e le intuizioni documentate dalle migliaia di immagini di *Low-cost Design* sono una grande risorsa. Il mondo della progettazione "formale" ha spesso tratto ispirazione da questi esempi. Le fonti della creatività passano normalmente dalla strada alle scrivanie della progettazione per poi ritornare alla società in forma di prodotti o miglioramento di servizi.

Si è già verificato che soluzioni di design sono state sviluppate grazie all'ispirazione tratta dalla ricerca di *Low-cost Design*. L'esempio più semplice è il rapporto con una casa produttrice di elettrodomestici che è rimasta particolarmente colpita da un alambicco illegale per la grappa presente nel database. Grazie all'osservazione di questo apparato domestico hanno risolto un problema progettuale del loro nuovo vaporizzatore d'ambiente. Hanno applicato la stessa soluzione, un semplice tappo di sughero per regolare la valvola di sicurezza della pres-

The market, by obliging us to live in the present, breaks our ties with the historical memory of both objects and the territory. This means that relations and exchanges, which underlie any evolution or growth, are hampered and deprive the consumer and citizen of the faculty of choice. For this reason the system is capable of selling its truths as the only sources. If no one hands down the concept that objects can be repaired and regenerated, we will continue to be accustomed the idea of disposable products. If we apply the same reflection to the memory of the territory, we will clearly realize the risks of the tabula rasa, the lack of free choice and the loss of apparently established customs and habits.

An extremely simple idea like, for example, the balls of bird food for hanging on trees produced in Holland can have innumerable beneficial effects. They're a way of recycling stale bread, while educating children about caring for animals. They're aesthetically pleasing as objects and they're cheap. Besides, though the product is simple it has more complex implications: it is a selective bird food, so it does not attract gulls and pigeons. It is widespread, being produced spontaneously across the whole Mediterranean region.

The spontaneous transformation of an object or the territory is already a political gesture of rebellion (both positively and negatively). It's a sort of implicit cultural activism of an ecological kind. In certain extremely consumerist cultures and a period, when few know how to use a screwdriver and many people buy precooked foods every day, just reviving of practical skills is already a political and ecological gesture that perpetuates skills from the past.

7 / RESEARCH / APPLICATIONS

DPP: Analysis of the needs underpinning these projects and the insights documented by the thousands of images in *Low-cost Design* are a large resource. The world of formal design often draws inspiration from these objects. The sources of creativity commonly pass from the street to the drawing board and then return to society in the form of products or better services.

We have already found that designs are being developed thanks to inspiration drawn from the research for *Low-cost Design*. The clearest example is a manufacturer of home products which was particularly impressed by an illegal still for making grappa in the database. Studying this domestic equipment solved a design problem with their new room vaporizer. They adopted the same device, a simple cork stopper to regulate the safety valve. Cork proved more effective

sione. Il sughero si è rivelato alla fine più efficace ed ecologico della loro sofisticata membrana di gomma. Invece, tra i diversi brevetti potenziali, uno dei più interessanti è il sistema anti-parcheggio fatto con il birillo di gomma per i lavori in corso, di cui gli stessi inventori stanno studiando il deposito. Gli automobilisti indisciplinati che posteggiano negli stalli riservati sono anche disposti a tollerare la contravvenzione ma non di certo un oggetto pendente dall'alto che gli si appoggia sul vetro o sulla carrozzeria della macchina. Un mix di psicologia, logica e pratica oggettuale che oltre ad agire senza produrre alcun danno, poiché in gomma, consente di risparmiare sulla polizza assicurativa del parcheggio condominiale, perché non vi sono strutture dal basso che possano intralciare i pedoni.

EG: A parte le applicazioni commerciali *Low-cost Design* propone la diffusione di un approccio culturale, legato alle tradizioni e alle risorse locali. Queste tradizioni e memoria di usi sono un patrimonio inestimabile ma anche estremamente fragile e sempre di più messo sotto scacco dalla produzione omogeneizzante del mercato. Una forma di resistenza è senz'altro quella di imparare a valorizzare queste pratiche e a tramandarne le lezioni alle generazioni future.

DPP: Il passaggio di saperi e pratiche, insieme alla valorizzazione culturale delle tradizioni produttive, sono uno degli obiettivi principali. Oltre al carattere documentativo della ricerca, conduco regolarmente diversi corsi universitari, finora soprattutto in Olanda, Italia e Germania, con tre titoli differenti ma complementari: *Design on the Cheap*, *Fantasy Saves the Planning* e *Economic Borders*.

Il primo corso offre agli studenti gli strumenti per un'analisi attenta della creatività del proprio territorio, con il fine di concentrarsi su applicativi pensati ad hoc e aiutarli a scegliere tra diversi "modelli" a disposizione coinvolgendoli dalla teoria alla pratica. *Fantasy Saves the Planning*, il secondo modulo, è un progetto iniziato assieme ad Alexander Vollebregt e a Francesca Recchia all'interno del corso di Urbanistica della Technical University di Delft, in Olanda. Attraverso un workshop intensivo abbiamo chiesto agli studenti di costruire (e abitare) un insediamento temporaneo fatto di singole unità abitative e di spazi collettivi. Una città fantastica interamente edificata con materiali riciclati recuperati in città e con una spesa massima di 10 € al giorno, spese alimentari incluse, corrispondenti all'incasso minimo raccolto in elemosina dai senza fissa dimora in Europa.

Infine *Economic Borders* che riguarda una complessa mappatura – sia dal punto di vista →

and ecological than their sophisticated rubber membrane. And among various potential patents, one of the most interesting is the anti-parking system which consists of a rubber ninepin for roadworks. Its inventors are now preparing a patent application. Drivers who park in reserved spaces may be willing to put up with a fine but they draw the line at an object suspended from above that rests on the windscreen or coachwork of the car. A mix of psychology, logic and product design that works without doing any damage, being made of rubber, provides savings on the insurance bill of the owner of the car park because there are no structures at ground level that might hamper pedestrians.

EG: Apart from commercial applications, *Low-cost Design* suggests the dissemination of a cultural approach closely related to traditions and local resources. These traditions and memories of uses are an invaluable heritage, but also extremely fragile and are coming increasingly under pressure from the standardized production of the market. One form of resistance is learning to exploit these practices and passing the lessons down to future generations.

DPP: Passing on skills and practices, together with the cultural exploitation of production traditions, is one of its principal objectives. Besides the documentary character of our research, I have regularly taught university courses, so far mainly in Holland, Italy and Germany, with three different but complementary titles: *Design on the Cheap*, *Fantasy Saves the Planning* and *Economic Borders*.

The first course provides students with the instruments for careful analysis of creativity in their own region, with the purpose of concentrating on specific customized applications, and to help them choose between the different models available, so involving them in both theory and practice. *Fantasy Saves the Planning*, the second form, is a project initiated with Alexander Vollebregt and Francesca Recchia in the course on Urban Planning at the Technical University of Delft in Holland. Through an intensive workshop we asked students to build (and live in) a temporary development made up of individual home units and collective spaces. A fantastic city built entirely out of recycled materials scavenged in the city and at a maximum cost of 10 euros a day, including groceries, reflecting the minimum sum collected from charity handouts by the homeless in Europe.

Finally *Economic Borders* is a complex urban, marketing and cultural mapping of street vendors in Southern Italy. The project, aimed at the preservation of this ancient practice, studies →

urbano sia merceologico e culturale – dei venditori ambulanti nell'Italia del Sud. Il progetto, volto alla conservazione di questa antichissima pratica, studia l'inserimento degli ambulanti su ruote all'interno delle regole urbanistiche e di viabilità del territorio, senza che siano pregiudicati i diritti degli operatori, come dei cittadini e delle amministrazioni che li rappresentano. Da qui l'istituzione del *Centro Studi sul Commercio Ambulante*.

EG: I tuoi progetti, al di là dell'ambizione pedagogica e performativa, mostrano un interesse perseguito con sagacia nell'individuare canali alternativi per dare risonanza ai fenomeni di creatività spontanea. L'aspetto che trovo interessante in progetti come *Economic Borders*, è il tentativo di ridefinire l'attenzione sul gesto creativo come atto democratico e diffuso. La creatività viene liberata dalla sua condizione attuale di codice disciplinato da una istituzione museale o da un contesto commerciale. In questa collettivizzazione del gesto creativo si compie un ampliamento di campo: il venditore ambulante può percorrere un ragionamento che conduce a una forma estetica e funzionale di pregio, e pertanto l'espressione creativa può e deve avvenire anche in maniera spontanea.

La ricerca in questo modo stimola, attraverso una presa di coscienza delle qualità, applicazioni via via più elaborate, ma soprattutto persegue il fine di spingerci a guardare fuori dalla scatola, a sviluppare uno sguardo critico e a espandere radicalmente i confini dell'arte e del design al di fuori dei contesti prestabiliti.

In questi termini assume un carattere chiaramente politico e sociale di responsabilizzazione comune della condizione estetica e culturale. Gli usi informali e paralleli, l'emergere di nuove economie ed estetiche, sono una forma di presa di responsabilità del contesto nel quale viviamo, un atto di riappropriazione e di coinvolgimento. L'urbanizzazione ormai diffusa nella quale viviamo non può essere una condizione imposta, ma deve essere un atto collettivo di coabitazione e di responsabilità.

DPP: Trovo sia interessante espandere il progetto verso un pubblico più ampio, senza limitarlo esclusivamente all'orientamento specialistico o alla produzione, ma mantenere più livelli di lettura e di coinvolgimento possibili. L'obiettivo è quello di operare sulla produttività del territorio in modo più coinvolgente e performativo, attraverso la partecipazione degli abitanti, delle istituzioni e delle imprese. *Low-cost Design* affronta questi temi in un ciclo di serate aperte a tutti. È un format molto semplice in cui la memoria storica e tecnologica del territorio, la progettazione sensibile e l'ecologia fanno da sfondo a un momento di riflessione collettiva, anche

the collocation of street vending on wheels in the planning rules and traffic regulations of the territory, without detriment to the rights of vendors, the citizens and the administrations that represents them. Hence the institution of the *Study Centre for Street Vendors*.

EG: Your projects, apart from their educational and performative ambitions, seek to act shrewdly by identifying alternative channels to give resonance to spontaneous phenomena of creativity. The aspect of projects like *Economic Borders* that I find interesting is the attempt to redefine an interest in the creative gesture as a widespread democratic activity. Creativity is freed from its present state as a code disciplined by a museum institution or a commercial context. This collectivization of the creative gesture broadens the field: the street vendor can devise a chain of reasoning that leads to a valuable aesthetic and functional form. In this way creative expression can and should happen in a similarly spontaneous way.

So the research project stimulates gradually more elaborate applications by raising awareness of quality, but above all it pursues the aim of prodding us into thinking outside the box, developing a critical vision and radically expanding the boundaries of art and design beyond their preordained contexts.

This means that design acquires on a clearly political and social character by fostering a common responsibility for our aesthetic and cultural condition. Informal uses and parallels, the appearance of new economies and aesthetics, are ways of taking responsibility for the context in which we dwell, acts of reappropriation and involvement. The diffuse urbanization in which we now live cannot be a forced condition; it has to be a collective act of cohabitation and responsibility.

DPP: It's interesting to expand the project towards a bigger public, without limiting it to specialists or manufacturers, so keeping as many levels of interpretation and involvement possible. Our objective is to work on the productivity of the territory in the most involving and performative way, through participation by residents, institutions and businesses. *Low-cost Design* tackles these topics in a cycle of evenings open to all. It's a very simple format in which the historical and technological memory of the territory, sensitive design and ecology form the backdrop to collective reflection, at times playful, on the cultural and productive identity of place. We use advertisements to research people who have created new objects and structures, or have changed the uses of existing ones. The most useful applications in improving our

ludica, sull'identità culturale e produttiva del luogo. Grazie a inserzioni pubblicitarie ricerchiamo persone che creino nuovi oggetti e strutture, oppure che modifichino l'uso di quelle già esistenti. Le applicazioni più utili al miglioramento delle condizioni di vita, sia privata sia collettiva, saranno alla base della discussione pubblica, con proiezioni e dibattiti. Ne discutono, moderati da un conduttore, i protagonisti del gesto creativo, professionisti della progettazione, sociologi, imprenditori e rappresentanti delle istituzioni, per capire insieme e favorire le ispirazioni che la creatività locale può dare al proprio sistema culturale e produttivo.

L'identità culturale è un elemento fondamentale per lo sviluppo del territorio. Da qui l'esigenza di un incontro pubblico, che favorisca la partecipazione paritaria di tutti i livelli sociali rappresentabili, all'interno di un evento alla portata di tutti, come un format televisivo.

I "creativi spontanei" sono i protagonisti e le loro idee vengono premiate, discusse, valorizzate, in un momento di condivisione del patrimonio locale, tra tangibile e intangibile, in chiave positiva e propositiva. Alcuni potrebbero avere in mano le intuizioni per uno sviluppo alternativo del proprio territorio, sia in termini sociali, culturali e produttivi. In fondo le idee sono semilavorati dell'immaginazione che si realizzano in presenza di diversi agenti e condizioni favorevoli, come quelle che vogliamo stimolare. La coesione sociale implica processi identitari e assunzione di responsabilità. Anche per questo abbiamo iniziato le ricerche per una versione itinerante del format, lungo tutto il bacino mediterraneo, che sperimenteremo nei prossimi anni.

8 / LOW-COST (sul dilettantismo e flessibilità)

EG: La natura stessa di questo lavoro non accetta definizioni e penso debba essere lasciata libera di fluire tra una osservazione e l'altra, tra diverse discipline e vivere della sua natura ricca di ispirazioni. Come una cultura è composta da una miriade di gesti individuali: *Low-cost Design* è la materializzazione di migliaia di contributi alla formazione di una conoscenza di strada, antichissima e possibilmente ancora florida e ricca di suggestioni.

DPP: Per sua natura il dilettantismo è la somma di migliaia di tentativi, una vera e propria banca dati educativa del sapere che parte dal concetto di diverso per arrivare al nuovo e alla possibile innovazione. Un processo naturale su ogni tessuto flessibile e in presenza di creatività relazionale.

→

way of life, whether privately or collectively, serve for the basis of public discussion, with projections and debates. With discussion moderated by a chairperson, these questions are debated by the protagonists of the creative gesture, design professionals, sociologists, business people and representatives of the institutions, together seeking to understand and fo
ter the inspiration that local creativity can give the cultural and production system.

The cultural identity is a fundamental factor in the development of the territory. Hence the need for a public encounter, one that favours equal participation by all the social levels representable at an event well within everyone's scope like a TV format.

The "spontaneous creatives" are the protagonists and their ideas will be given awards, discussed, and developed as ways of sharing in the local heritage, both tangible and intangible, in a positive and purposeful spirit. Some of these creatives might possess insights for an alternative development of the territory in social, cultural and productive terms. Basically ideas are the half-formed projects of the imagination, which can then be realized through the work of different agents and in favourable conditions, like those we wish to stimulate. Social cohesion involves identitary processes and it means shouldering responsibilities. This is one reason we have begun research into a travelling version of the format to take it all around the Mediterranean. We'll be testing it in the coming years.

8 / LOW-COST (on amateurism and flexibility)

EG: By its very nature this work does not call for definitions. I think it should be left free to flow between one observation and the next, between different disciplines, and to live by its own rich inspiration. Just as a culture is made up of myriads of individual gestures, *Low-cost Design* is the materialization of thousands of contributions to the formation of a knowledge of street design, ancient and perhaps still flourishing and rich in ideas.

DPP: By its nature amateurism is the sum total of thousands of attempts, a true educational data bank of skills that start from the concept of difference and so produces new and possible innovations. A natural process on every flexible fabric and in the presence of creative relationships.

Naturally we will find increasing numbers of objects influenced by popular creativity and, I hope, more examples of urban plans influenced by the inhabitants themselves. The natural

→

Certamente troveremo sempre più oggetti influenzati dalla creatività popolare e, mi auguro, sempre più esempi di piani urbani influenzati dagli stessi abitanti. La via naturale è il ritorno alla centralità della vita quotidiana in tutti i processi. Spesso i contesti più caotici e popolosi delle nostre città sono i più vivi e flessibili perché in questi luoghi si esalta naturalmente il ruolo dell'immaginario. Paradossalmente parliamo della stessa flessibilità che Charles Darwin sosteneva essere alla base della teoria sull'evoluzione: chi meglio si adatta più è teso a migliorare le proprie condizioni di vita, aumentando la capacità di resistenza agli eventi e, soprattutto, tendendo a non estinguersi ma a evolversi. Per rientrare alla nostra progettazione sensibile, qualcuno diceva che il design riuscito non è quello prodotto ma quello usato. La mia speranza è che questa ricerca ispiri la produzione di oggetti o azioni che porteranno la progettazione e il design in tutti i negozi di ferramenta piuttosto che in edizione limitata in qualche negozio specializzato di design.

approach is a return to the centrality of everyday life in all processes. Often the most chaotic and populous parts of our cities are the more vital and flexible because these places naturally enhance the role of the imagination. Paradoxically we are here talking about the same flexibility that Charles Darwin claimed was the basis of the theory of evolution: whatever adapts best tends to improve its living conditions, increasing its capacity of resistance to events and above all tending not to become extinct but evolve. To return to our sensitive design, someone once said that successful design is not produced but used. My hope is that this research will inspire the production of objects or actions that will take design and the project into all the hardware stores rather than as limited editions into some design store.

1.

OGGETTO

Gli oggetti nascono per assolvere a un compito, il loro sviluppo è indirizzato dagli strumenti tecnologici e culturali a disposizione.

Per questo motivo gli oggetti selezionati sono stati valutati in base a una serie precisa di parametri: forma, funzionalità, accessibilità, praticità, replicabilità. Ma per comprendere appieno le tecniche di progettazione e realizzazione dei manufatti finali dobbiamo aggiungere altri due fattori fondamentali: l'abilità intuitiva e la capacità di astrazione.

L'analisi di questi requisiti ci consente di decifrare i simboli inscritti negli oggetti che vanno a influire sull'identità personale, collettiva, locale e globale dei loro artefici.

La sezione Oggetto è divisa in 5 differenti livelli di progettazione. Una scala di valori che cresce in proporzione all'incremento dei requisiti fondamentali.

Al livello più alto troviamo la massima capacità di risolvere, in modo semplice, problemi estremamente complessi.

Questa rassegna non rappresenta l'isolamento di creazioni emblematiche, ma la campionatura qualitativa dei meccanismi e dei processi, costanti in tutte le forme di progettazione. Un archivio con cui visualizzare realtà molto diverse e molto eterogenee tra loro, ma unificandole in un'immagine sintetica e globale.

OBJECT

Objects are fashioned to perform a task. Their development is governed by the technological and cultural tools available.

For this reason the objects chosen were appraised on basis of a set of precise parameters: form, functionality, accessibility, practicality, replicability.

But to fully comprehend the techniques of designing and making the final artefacts we need to add two other fundamental factors: intuitive ability and the power of abstraction.

The analysis of these requisites enables us to decipher the symbols inscribed in the objects which influenced the personal, collective, local and global identities of their creators.

The Object section is divided into 5 different levels of design. A scale of values that grows in proportion to the development of the essential requisites.

At the highest level we find the greatest ability to resolve extremely complex problems in simple ways.

This survey does not isolate emblematic creations, but provides a qualitative sampling of the mechanisms and procedures which are constant in all forms of design.

An archive by which to visualize very different and heterogeneous realities, yet unifying them in a synthetic and global image.

↑ Divano (sedili di automobile) / Sofa (car seats)

Livello progettazione 1: oggetti elementari

Design Level 1: Elementary Objects

In questa prima parte troviamo oggetti semplici che cambiano uso rispetto alla progettazione iniziale. Tra gli esempi più interessanti abbiamo il catino che diventa lavabo e la persiana che si trasforma in portariviste da parete; le reti da pesca impiegate per proteggersi dalle incursioni dei volatili e il vaso di terracotta usato per fare il barbecue, o le scarpe da ginnastica tagliate per essere indossate come ciabatte.
Tutti oggetti elementari, senza particolari modifiche strutturali, ma che suggeriscono nuove progettazioni, o che aumentano le funzionalità dei prodotti originali.

In this first part we find simple objects that change use from their initial design. Among the most interesting examples are a bowl that becomes a washbasin and a shutter converted into a wall-hung magazine rack, fishing nets used to keep out birds, a terracotta flowerpot used for a barbecue, and gym shoes cut down to be worn as slippers.
All elementary objects, without special structural alterations but that suggest new designs or enhance the functionality of the original products.

↑ Portafrutta (oblò di lavatrice) / Fruit bowl (window from a washing machine)

Lavabo (catino in latta) / Washbasin (tin bowl) ↓

↑ Spolverino (ritagli di tessuto) / Duster (oddments of fabric)

Telecomando con involucro in cellophane / TV remote control with cellophane cover ↓

↑ Portariviste (persiana) / Magazine stand (shutter)

Contrappeso per lo scarico (bottiglia d'acqua in plastica) / Counterweight for WC (plastic water bottle) ↓

↑ Fiori finti (sacchetti in plastica) / Imitation flowers (plastic bags)

Lampadario (latta di tonno) / Lampshade (tuna can) ↓

↑ Protezione anti-piccioni (reti da pesca) / Pigeon screen (fishing nets)

Porta d'accesso ricavata da serranda bloccata / Front door made from a shutter ↓

↑ Comodino con portabicchiere centrale (bobina per cavi elettrici) / Bedside table with central cup holder (electric cable spool)

Carta igienica (rotolo di ricevute del lotto) / Toilet paper (roll of lottery receipts) ↓

↑ Manubri usati per bloccare lo stendibiancheria in caso di vento / Dumbbells used to weight a clothes rack against wind

Tappeto antiscivolo sulla prua di una barca da pesca / Non-skid carpet at the bow of a fishing boat ↓

↑ Cassetta in legno per la protezione degli altoparlanti in spiaggia / Wooden box protecting loudspeakers on a beach

T-shirt coprimotore per nascondere la marca ed evitare il furto /
T-shirt cover for an outboard motor to conceal the logo and avoid theft ↓

↑ Bottiglia usata come galleggiante per la corda da ormeggio / Bottle used as a float for a mooring rope

Tavolino (cartello stradale) / Table (road sign) ↓

↑ Barbecue (vaso in terracotta con griglia) / Barbecue (terracotta flowerpot with grille)

Ciabatte (scarpe da ginnastica tagliate) / Slippers (cut-down sneakers) ↓

↑ Maniglia (portasciugamani) / Door handle (towel rail)

Finestrino da camper inserito in una parete / Camper van window inserted in a wall ↓

↑ Sedia in pelle senza seduta inserita in sgabello in legno senza schienale /
Leather chair lacking the seat wedged into a backless wooden stool

Tabacchiera (portarullini) / Tobacco pouch (capsule for roll of film) ↓

↑ Tavolo (pannello pubblicitario) / Table (advertising panel)

Poltrone (sedili di autobus) / Chairs (bus seats) ↓

↑ Panchina (trave in ferro) / Bench (iron girder)

Passerella (persiane) / Walkway (window shutters) ↓

↑ Cancello (reti da letto) / Gate (bedsprings)

Carrello delle ferrovie usato da un circo e recuperato dalle ferrovie stesse /
Railway trolley used by a circus and retrieved by the rail company ↓

↑ Cucchiaio ritorto usato per servire i gamberetti freschi / Twisted spoon used for serving fresh shrimp

Livello progettazione 2: oggetti sviluppati

Design Level 2: Developed Objects

Da questo livello in poi iniziamo a percepire un maggiore sviluppo progettuale e possibili applicazioni di mercato. Troviamo anche qui oggetti che cambiano radicalmente la destinazione d'uso, rivelando la straordinaria abilità inventiva del loro artefice. Tra gli esempi più interessanti abbiamo i palloni da calcio in gomma usati come galleggianti per le reti da pesca o boe, la bottiglia che diventa un dosatore del fertilizzante per le piante e la passerella in legno dedicata ai gatti. Alcuni oggetti, insieme alla novità dell'applicazione, rivelano importanti sinergie tra la forma e il materiale di cui sono costituiti: come la latta dei fagioli trasformata in grattugia, o i tappi delle bottiglie di plastica che possono trasformarsi nella tavolozza di un pittore. La prima è igienicamente valida perché in materiale inossidabile, la seconda facilmente lavabile e di assoluta comodità d'uso.

From this level on we begin to perceive a greater development of design and possible market applications. Here we also find objects that radically change their functions, revealing the extraordinary inventive abilities of their creators. Among the most interesting examples are rubber soccer balls used as floats for fishing nets or buoys, a bottle used to dose fertilizer for plants, and a wooden bridge for cats. Some objects, together with the novelty of the application, reveal important synergies between form and the material they are made of, like a bean can transformed into a grater or plastic bottle stoppers turned into a painter's palette.
The first is hygienically valid because made of stainless metal, the second is easily washable and perfectly convenient.

↑ Grattugia (latta di fagioli) / Grater (bean can)

Bracciale (forchetta) / Bracelet (fork) ↓

↑ Tavolo portariviste (bobina per cavi) / Magazine stand (cable reel)

Pouf-portariviste (cestello di lavatrice) / Pouf-magazine stand (drum of a washing machine) ↓

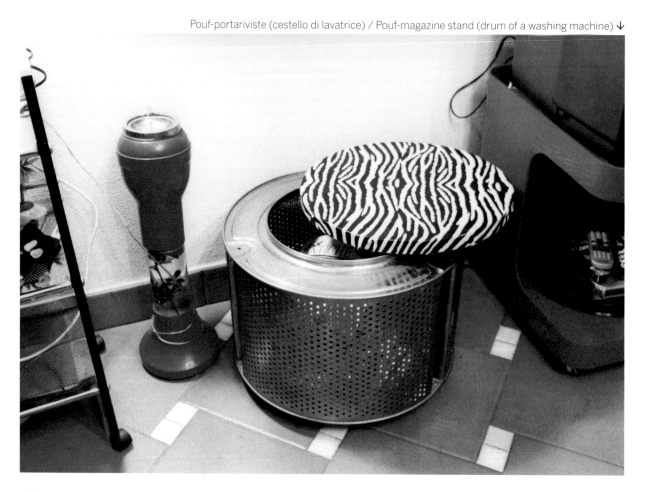

↑ Nido per uccellini (mestolo) / Bird's nest (ladle)

Portaspazzolino (clip metallica per documenti) / Toothbrush holder (metal document clip) ↓

↑ Bicchierini in plastica usati per gli assaggi delle creme pasticciere / Plastic cups used for serving pastry creams

Galleggianti/boe (palloni da calcio in gomma) / Floats/buoys (rubber soccer balls) ↓

↑ Mangiatoie (vasche da bagno) / Feeding troughs (tubs)

Basi per tavolini portatili (tondino in ferro e giunture in tubo di gomma) /
Lower parts of portable tables (iron rebars and rubber tube joints) ↓

↑ Gabbia per animali (rete elettrosaldata per edilizia) / Cage for animals (electro-welded builder's netting)

Box auto (tapparelle in plastica) / Car port (roll-up plastic shutters) ↓

↑ Palo del telefono tagliato per evitare il collegamento abusivo alla linea / Telephone pole cut to prevent illegal connection to the line

Tavolino (gomma di auto e piedistallo) / Table (car tyre and pedestal) ↓

↑ Sistema salva-parcheggio (bombola a gas) / Parking space marker (gas cylinder)

Nassa (reti per agricoltura) / Fish trap (agricultural netting) ↓

↑ Fertilizzatore (bottiglia in plastica) / Fertilizer drip (plastic bottle)

Segnavento (bottiglie in plastica) / Weathervane (plastic bottles) ↓

↑ Cucchiai ritorti usati per appendere gli asciugamani da cucina / Bent spoons used to hang up dishcloths

Tavolo (bobina per cavi) / Table (cable reel) ↓

↑ Porta-cartaigienica (sedia rotta) / Toilet paper-holder (broken chair)

Finta tromba per allenare le labbra / Dummy trumpet to train lips ↓

↑ Tavolozza (tappi di bottiglia) / Palette (bottle tops)

Collana (spina) / Necklace (electric plug) ↓

↑ Sedia-contenitore per la pesca (fusto) / Chair-container for fish (plastic tub)

Sedile passeggero (sedia in plastica) / Pillion seat (plastic chair) ↓

↑ Tavolo con ruote (porta) / Table with casters (door)

↑ Sistema che arresta la crescita dell'erba in case-vacanze non abitate durante la stagione invernale (tapparelle in plastica) /
System to stop the grass from growing in yards of holiday homes, uninhabited during winter time (plastic roll-up shutters)

Bottiglie usate per mantenere fori vuoti nel colaggio del cemento / Bottles used to make holes when pouring concrete ↓

↑ Cassa stereofonica (cartone e altoparlanti) / Stereo case (carton and speakers)

Livello progettazione 3: oggetti ottimizzati

Design Level 3: Optimized Objects

Questo livello ci mostra progettazioni in cui lo spostamento della funzione originaria è incrementata dalla capacità di astrazione e simbolizzazione del progettista. In tali oggetti rivisitati la comunicazione e l'evocazione giocano un ruolo interessante: come accade con il portacenere da esterni a forma di sigaretta, oppure con la panchina assemblata con gli skateboard usati.

A seguire troviamo i primi "cortocircuiti concettuali" che, grazie alla loro capacità di disconnettersi dal contesto iniziale, propongono invenzioni con nuovi plusvalori. Come per esempio la maschera da sub per il taglio delle cipolle o i compact disc usati per allontanare gli uccelli grazie agli effetti di rifrazione della luce, oppure il cappuccio di lana che mantiene caldo il caffè appena fatto.

This level show us designs where the change in the original function is enhanced by the designer's capacity for abstraction and symbolization. In such objects communication revisited and evocation play an interesting part: this happens with the outdoor ashtray in the form of a cigarette, or the bench assembled out of used skateboards.

Then we find the first "conceptual short circuits" which, by their capacity to break with the original contexts, include inventions with new added values. Examples are the diver's mask used for chopping onions or the compact disc used to scare birds thanks to the effects of refraction of light, or the woollen hood used as a coffeepot cosy.

↑ Portacandela (cucchiaio) / Candle holder (spoon)

Cappuccio in lana per mantenere caldo il caffè / Woollen coffee cosy ↓

↑ Protezione anti-lacrimazione per tagliare la cipolla (maschera da sub) / Eye-protector for chopping onions (diving mask)

Sgabello per persone affette da emorroidi / Stool for a person with haemorrhoids ↓

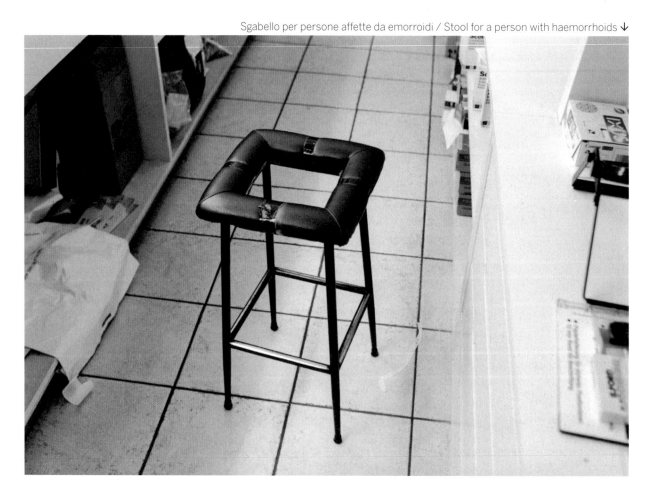

↑ Lavandino (fusto con catino) / Wash stand (petrol drum with basin)

Specchio (vassoio inox) / Mirror (stainless steel tray) ↓

↑ Barbecue (fusto) / Barbecue (petrol drum)

Serra (ante di finestra) / Greenhouse (French windows) ↓

↑ Letto (tavola in legno e riviste) / Bed (wooden table top and magazines)

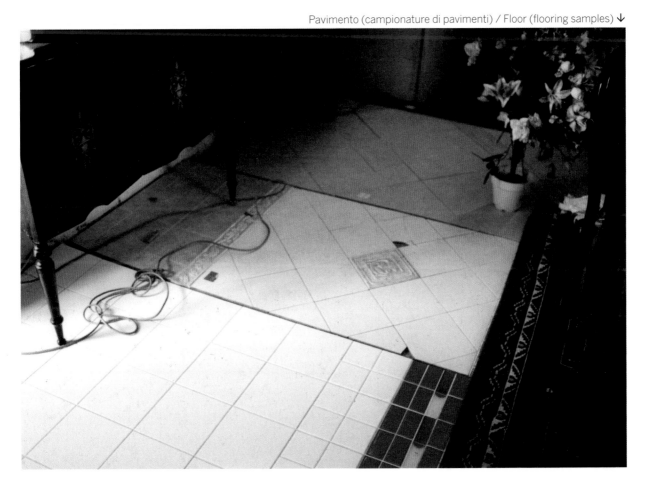

↑ Armadi porta attrezzi (frigoriferi) / Tool lockers (refrigerators)

Grondaie (palo sezionato) / Guttering (sections of post) ↓

↑ Portafiaccola (tegola) / Torch-holder (tile)

Vaso da fiori (scarico w.c.) / Flower pot (lavatory cistern) ↓

↑ Trappola per insetti (fusto in plastica) / Insect trap (plastic tub)

Protezioni antipioggia per cassette delle lettere / Rainproofing for mailboxes ↓

↑ Contrappesi (bottiglie riempite di cemento) / Counterweights (bottles filled with concrete)

Cassetta per la raccolta dei ricci di mare / Box for collecting sea urchins ↓

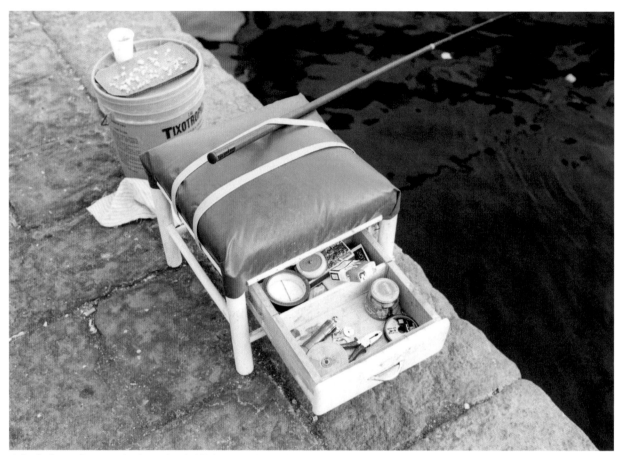

↑ Sgabello per la pesca (sedia tagliata) / Fishing stool (cut-down chair)

Finestra orizzontale (porta verticale) / Horizontal window (vertical door) ↓

↑ Finestra (porta) / Window (door)

Coprimani per bicicletta (trench) / Hand-cosies for a bicycle (cut down from a trench coat) ↓

↑ Portaoggetti laterali (retini da farfalle) / Bicycle panniers (butterfly nets)

Sedili (piante in vaso) / Seats (pot plants) ↓

↑ Panchina (skateboard) / Bench (skateboards)

Sistema rotante anti-mosche (motore elettrico e ritagli di carta) / Rotating fly whisk (electric motor and paper cut-outs) ↓

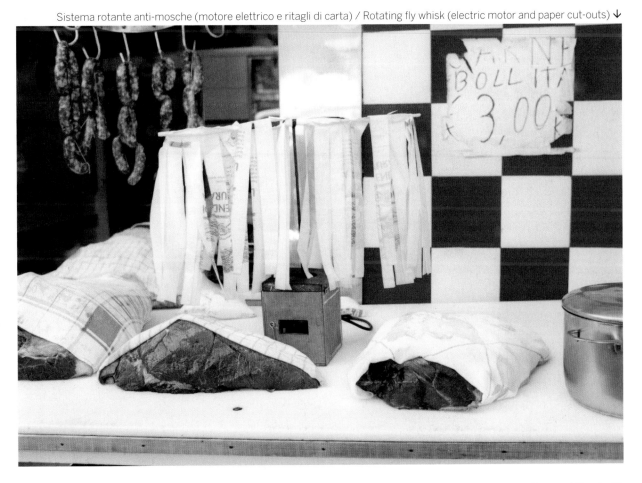

↑ Portacenere (tubo) / Ashtray (tube)

Campanelli (interruttori) / Bells (switches) ↓

↑ Orologio (copricerchio) / Clock (hubcap)

↑ Antenna (forchetta) / Antenna (fork)

Livello progettazione 4: oggetti elaborati

Design Level 4: Elaborate Objects

Gli oggetti elaborati, insieme a quelli completi che vedremo dopo, mostrano chiaramente i segni della progettazione interdisciplinare. Combinazioni in cui un semplice imbuto in plastica diventa uno strumento perfetto per proteggere i filtri per il monitoraggio dell'inquinamento, preservandoli dalla pioggia, ma al tempo stesso senza ridurne l'esposizione all'aria. Compaiono i primi oggetti che funzionano in relazione al comportamento animale: come le bottiglie piene d'acqua che, deformando l'immagine riflessa, dissuadono i cani dalle deiezioni sulle colonne. Spesso un oggetto multifunzionale non equivale a una macchina tecnicamente più elaborata, ma a un dispositivo utile a risolvere bisogni più complessi grazie all'incremento dell'immaginazione. Anche qui non mancano oggetti re-inventati che prevedono il potenziamento delle funzioni originarie: come le palline da tennis poste sotto le sedie per proteggere i tappeti, o il vassoio antiscivolo per camerieri, oppure i tappi di sughero inseriti nei coperchi con manici in ferro per non bruciarsi le dita. Si tratta, in definitiva, di uno stadio di progettazione più maturo diretto all'assoluzione di bisogni via via più complessi rispetto ai precedenti, aumentando anche gli applicativi di mercato.

Elaborate objects, together with the complete objects which we will see below, clearly reveal the signs of interdisciplinary design. We have combinations in which a simple plastic funnel becomes the perfect instrument to protect the filters for collecting fine particles (PM), while keeping out the rain, but at the same time without reducing the exposure to air. There appear the first objects that function in relation to animal behaviour, like the bottles filled with water which, by distorting the image reflected, dissuade dogs from urinating on columns. Often a multifunctional object is not equivalent to a technically more elaborate machine, but is a device useful to deal with more complex needs through an imaginative approach. Here, too, there is no shortage of objects reinvented which entail the development of the original functions, like the tennis balls set under chair legs to protect carpets, or a skidproof tray for waiters, or the corks fitted to saucepan lids with iron handles as protection against burnt fingers. Essentially this is a more mature stage of design directed to the satisfaction of needs through more complex approaches than before, whole also increasing the market applications.

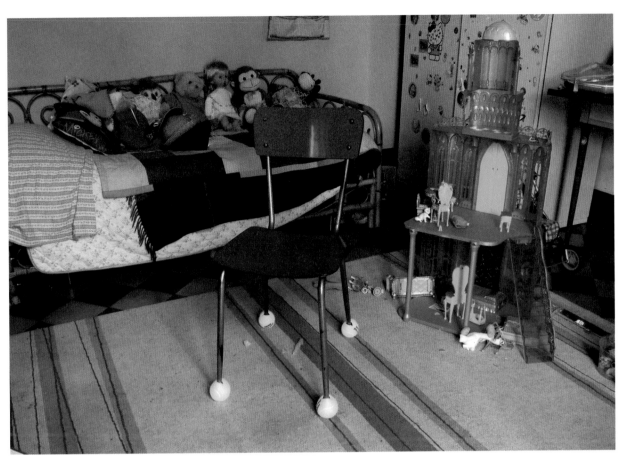

↑ Sistema proteggi-tappeti (palle da tennis) / Carpet protector system (tennis balls)

Cuscino (maglione) / Cushion (pullover) ↓

↑ Portasciugamano (ventosa) / Towel-holder (suction cap)

Lampada (compact disc) / Lampshade (compact disc) ↓

↑ Pomello anti-scottatura (tappo) / Coffeepot knob (cork)

Bacheca per messaggi (gomma piuma e spilli) / Message board (foam rubber and pins) ↓

↑ Sistema anti-urina per cani (bottiglie d'acqua) / Anti-urine system for dogs (bottles of water)

Sistema di avvolgimento per lenza (cerchi di bicicletta) / Winder for fishing line (bicycle wheels) ↓

↑ Trappola per polipi (bottiglia) / Octopus trap (bottle)

Sistema anti-rottura per sedie (nastro adesivo) / System to prevent chairs breaking (adhesive tape) ↓

↑ Sistema antipioggia per proteggere un filtro per il monitoraggio dell'inquinamento (imbuto) /
Rainproof system for collecting particulate matter (funnel)

Avvolgi-tubo (cerchione) / Hose-winder (car wheel) ↓

↑ Portacandela (specchio) / Candle-holder (mirror)

Ciabatte (copertoni) / Slippers (tyres) ↓

↑ Impugnatura (preservativo) / Racket grip (condom)

Antenna (gruccia) / Antenna (coat hanger) ↓

↑ Tostapane (forchette) / Toaster (forks)

Sistema per provare i motori marini (tanica) / System for testing marine engines (petrol can) ↓

↑ Macchina per allenare i vogatori (parti di bicicletta) / Machine for training oarsmen (bicycle parts)

Sistema anti-apertura per bambini (elastico) / Child-proof drawer protector (elastic) ↓

↑ Pomelli anti-scottatura (tappi) / Knobs for saucepan lids (corks)

Vassoio antiscivolo (gomma) / Skid-proof tray (rubber) ↓

↑ Girarrosto (parti di auto) / Turnspit (car parts)

Antenna radio (ruota di bicicletta) / Radio antenna (bicycle wheel) ↓

↑ Pulisciscarpe (spazzole lavapavimento) / Shoe cleaner (floor brushes)

Ancora (pietra) / Anchor (stone) ↓

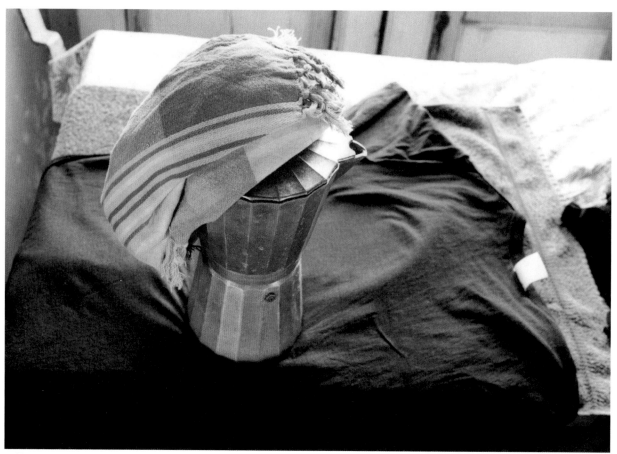

↑ Ferro da stiro (caffettiera) / Clothes iron (coffeepot)

Carrello per commercio ambulante (passeggino) / Street vendor's trolley (pram) ↓

↑ Box auto smontabile / Foldaway car port

Tavolino portaombrellone (bobina per cavi) / Table and umbrella-holder (cable reel) ↓

↑ Assorbiodori e umidità (fetta di pane) / Odour and damp absorber (slice of bread)

Livello progettazione 5: oggetti completi

Design Level 5: Complete Objects

Il quinto livello è il vertice di questa progettazione per completezza ed efficacia, soprattutto per l'alto grado di semplicità inversamente proporzionale all'importanza del compito o del servizio da adempiere: è il caso della fetta di pane che serve ad assorbire sia gli odori sgradevoli sia l'umidità dagli abiti riposti in un armadio. Anche a questo livello incontriamo oggetti che interagiscono con il comportamento animale: le maniglie apri-porta per cani, oppure le palline da golf per favorire la cova delle galline. E infine arriviamo a quelli che influiscono direttamente sul comportamento umano. Abbiamo a questo proposito i sistemi antiparcheggio di cui abbiamo parlato nella prefazione oppure il foglio di polietilene posto sopra agli espositori di caramelle come dissuasore sonoro dal furto. Inoltre, abbiamo scoperto una grande capacità di progettazione interculturale con le bacchette cinesi (chopsticks) a molla oppure con il tappo di sughero con spilli utilizzato per estrarre le lumache di mare dal loro guscio. Questo è il livello in cui intuizione, semplificazione tecnologica e conoscenza interdisciplinare danno vita a piccoli capolavori dell'ingegno umano, sia per la loro qualità ideativa che per il loro basso costo di riproduzione.

The fifth level is the summit of this design survey by its completeness and effectiveness, but above all by the high degree of simplicity, which is inversely proportional to the importance of the task or function performed. This is the case of the slice of bread that serves to absorb disagreeable smells and damp from clothing in a wardrobe. Also at this level we meet objects that interact with animal behaviour: the special handles to open doors for dogs, or golf balls used as nest eggs to stimulate hens to lay.
And finally we come to those inventions that directly influence human behaviour. In this respect we have the anti-parking systems mentioned in the preface or the sheet of polythene placed over displays of candies as sound alarms to deter theft.
We have also discovered a large intercultural capacity for design, with spring-loaded chopsticks or corks with pins used to winkle sea snails from their shells.
This is the level at which intuition, technological simplification and interdisciplinary knowledge give rise to minor masterpieces of human intelligence, both by their conceptual quality and their low-cost reproduction.

↑ Fornello con moca per caffè italiano (ferro da stiro) / Coffeepot on the hob (clothes iron)

Tovagliolo-manicotto per bambini (garza elastica) / Napkin-muff for children (elastic gauze) ↓

↑ Bacchette cinesi a molla / Spring-fitted chopsticks

Bicchiere anti-termico (latta e bicchiere) / Insulated glass (can and glass) ↓

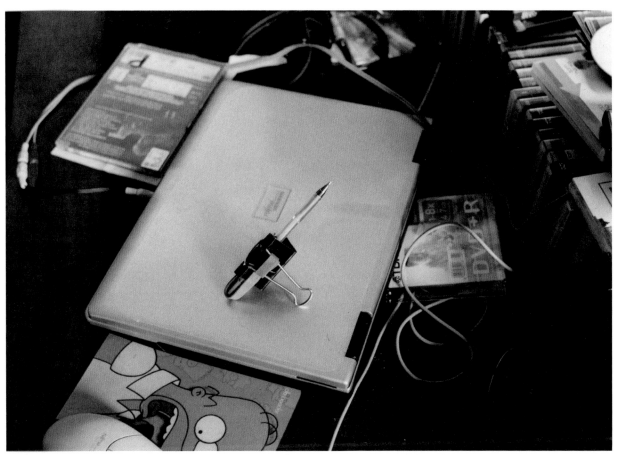

↑ Pistola (clip metallica per documenti, elastico e penna) / Gun (metal document clip, elastic band and pen)

Caffettiera solare (lente) / Solar coffeepot (lens) ↓

↑ Cappa aspirante (phon e collare veterinario) / Cooker hood (hairdryer and veterinary collar)

Radiatore di auto in funzione usato per la preparazione del caffè / Coffeepot on the hot (car radiator with the engine running) ↓

↑ Sistema anti-parcheggio (cono spartitraffico che si appoggia alla vettura) / Anti-parking system (traffic cone which hangs on the car)

Sistema per alimentare solo i piccoli volatili escludendo piccioni e gabbiani (rete e mollica) /
System for feeding small birds only, excluding pigeons and gulls (net and crumbs) ↓

↑ Sedia (cassetta per bottiglie e canne) / Chair (bottle crate and canes)

Espositore ambulante per bigiotteria (ombrello e cavalletto) / Portable display stand for costume jewellery (umbrella and tripod) ↓

↑ Maniglia apriporta per cani (palla da tennis e catena) / Door opener for dogs (tennis ball and chain)

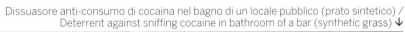

Dissuasore anti-consumo di cocaina nel bagno di un locale pubblico (prato sintetico) /
Deterrent against sniffing cocaine in bathroom of a bar (synthetic grass) ↓

↑ Bilanciere (bottiglie d'acqua) / Carrying pole (water bottles)

Alambicco (pentola a pressione e fusto) / Still (pressure cooker and plastic tub) ↓

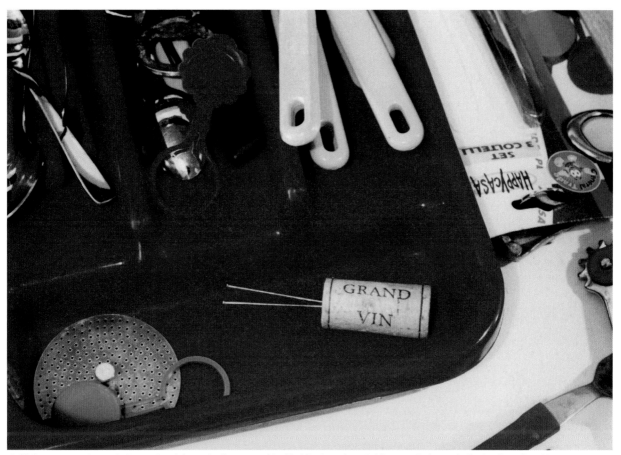

↑ Sistema per estrarre le lumache dal guscio (tappo e chiodi) / System for winkling snails from shells (cork and nails)

Poltrone (vasca da bagno) / Armchairs (bathtub) ↓

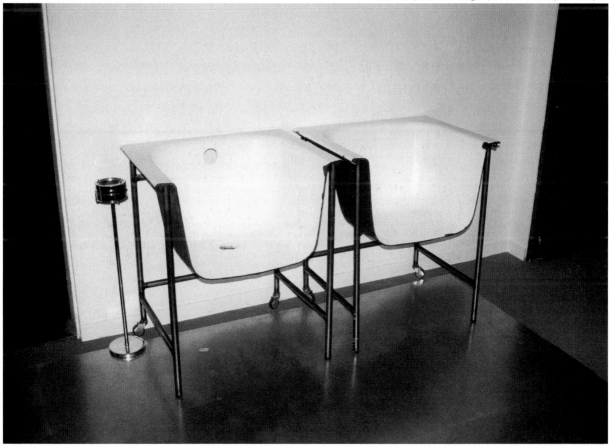

↑ Sistema per trasportare le bombole del gas su una Vespa 50 / System to transport gas cylinders on a Vespa 50

Cancello (transenne) / Gate (mobile barrier) ↓

↑ Spazzolino salva-gengive con setole laterali tagliate / Toothbrush with side bristles cut to save gums

Diffusore di essenze (cucchiaio e candela) / Fragrance diffuser (spoon and candle) ↓

↑ Sistema per stimolare la cova (palline da golf) / Nest eggs (golf balls) to stimulate laying

Caffettiera a batteria con resistenza interna / Battery-powered coffeepot with inner element ↓

↑ Dissuasore di furti sonoro (foglio di polietilene) / Sound thief deterrent (polythene sheet)

Fornello con ibrik per caffè turco (ferro da stiro) / Turkish coffeepot on the hob (clothes iron) ↓

↑ Barbecue (bombola) / Barbecue (gas cylinder)

Trasportino (cassetta in plastica e rete metallica) / Pet carrier (plastic crate and wire netting) ↓

↑ Sale e pepe (portarullini) / Salt and pepper pots (plastic film holders)

Vaso per idrocoltura (bottiglie di plastica) / Vase for hydroculture (plastic bottles) ↓

2.

AZIONE

Le azioni raccolte in questa sezione costituiscono un database dei meccanismi e delle pratiche riguardanti la gestione partecipata del territorio. Hanno apportato soluzioni creative ai bisogni del singolo ma anche della comunità. Esperienze da cui sono scaturite nuove forme di identità, nuove possibilità di relazione nei luoghi pubblici e in quelli privati.

Da sempre le mutazioni nei comportamenti sociali hanno corrisposto alla naturale tendenza dell'essere umano ad aggregarsi. Questa attitudine non si tramanda mediante formule o codici scritti, ma si conserva intatta attraverso la pratica quotidiana, come una sorta di memoria involontaria.

L'insieme di tali esperienze sedimentate nel corso del tempo hanno condotto agli esiti attuali, riscontrati puntualmente nella nostra ricognizione sul campo. Il processo di stratificazione è inesauribile: oggi dal territorio urbano estende il suo raggio di diffusione verso le periferie, senza soluzione di continuità. Grazie a questa enorme rete di fusioni e connessioni si stanno descrivendo gli scenari del prossimo futuro. La sezione Azione è divisa in 6 categorie: pianificazione territoriale privata, commercio creativo, interazioni tra pianificazione pubblica e progettazione privata, soluzioni personali alla carenza di servizi pubblici, comunicazione sociale e commerciale, sicurezza personale e controllo del territorio. Questa rassegna non rappresenta l'isolamento di creazioni emblematiche, ma la campionatura qualitativa dei meccanismi e dei processi, costanti in tutte le forme di progettazione. Un archivio con cui visualizzare realtà molto diverse e molto eterogenee tra loro, ma unificandole in un'immagine sintetica e globale.

ACTION

The actions brought together in this section constitute a database of mechanisms and practices concerning participatory management of the territory.

These initiatives have brought creative solutions to the needs of the individual as well as the community. Experiences which have given rise to new forms of identity, new potential for relationships in public and private places. As always, changes in social behaviours are matched by the natural tendency of human beings to act together. This attitude is not handed down in formulas or written codes, but preserved intact through daily practice, as if it were a sort of involuntary memory.

The whole set of such experiences stratified in the course of time leads to the current results, verified regularly in our survey of the field. The process of stratification is inexhaustible: today the urban territory spreads outward unbroken towards the periphery. This enormous network of fusions and connections delineates the scenarios of the near future.

The Action section is divided into 6 categories: private territorial planning, creative commerce, interactions between public planning and private design, personal solutions to shortcomings of public services, social and commercial communication, personal security and control of the territory. This survey is not intended to isolate emblematic creations, but serve as a qualitative sampling of mechanisms and processes, constant in all forms of design. An archive with which to visualize very different and heterogeneous situations, unifying them in a synthetic and comprehensive image.

↑ Filo per stendere il bucato su cartello stradale / Washing line on road sign

1 Pianificazione territoriale privata

1 Private Territorial Planning

Il capitolo pianificazione territoriale privata raggruppa le azioni di tutti i gruppi sociali che progettano o realizzano opere nello spazio pubblico. Attraverso processi di confronto e aggregazione, conformità alle istituzioni e variazioni delle consuetudini, i gruppi si riappropriano dei luoghi della vita quotidiana. Davanti ai nostri occhi si profilano paesaggi familiari, ma al tempo stesso straordinariamente inaspettati: dove i fili del bucato s'intrecciano tra i pali dei cartelloni pubblicitari, le finestre delle case si trasformano in vetrine di negozi, le belle statuine dei santi protettori o i tempietti votivi cari alla religiosità popolare si ergono al centro di piccole piazze di quartiere.

Una riflessione sugli sconfinamenti fra pubblico e privato, tra un uso regolamentare e omologato dei luoghi e un uso alternativo, affidato alla reinterpretazione autonoma e creativa degli individui; un territorio di mezzo fra la responsabilità e i diritti di tutti e il desiderio di affermare la propria libertà oltre le norme e le convenzioni stabilite.

The chapter on private territorial planning groups together the actions of all social groups that plan or produce works in public space. Through processes of comparison and aggregation, conformity to the institutions and variations in habits, the groups reappropriate the places of everyday life. Before our eyes there appear familiar yet extraordinary and unexpected landscapes: where the washing lines are interwoven with the posts of bilboards, the windows of houses are converted into shop windows, the beautiful statuettes of patron saints or little votive shrines dear to popular piety stand at the centre of neighbourhood piazzas. A reflection on the overlaps between public and private, between the regular and approved uses of places and alternative uses, entrusted to the independent and creative reinterpretation of individuals; a territory half-way between responsibility and the rights of all and the desire to affirm personal freedom regardless of the rules or established conventions.

↑ Porte da calcio dipinte sul cancello di una chiesa / Soccer goals painted on church gates

Bucato steso su cartelli stradali / Drying washing on road signs ↓

↑ Antenna parabolica montata su un palo dell'illuminazione pubblica / Satellite dish mounted on lamp post

Coltivazione di basilico all'angolo di una piazza / Growing basil at the side of a piazza ↓

↑ Riparo per posteggiatori di taxi e trasporti senza licenza / Shelter for unlicensed parkers of taxis and trucks

Postazione usata da prostitute su strada provinciale / Location used by prostitutes on provincial road ↓

↑ Punto d'osservazione panoramico su strada costiera / Panoramic lookout point on coast road

Area fumatori all'esterno di una fabbrica / Smokers' shelter outside a factory ↓

↑ Trampolino per skateboard su new jersey / Skateboard ramp on a traffic barrier

Postazione usata da prostitute / Location used by prostitutes ↓

↑ Ripari per gatti randagi / Shelter for stray cats

Negozio ambulante realizzato con cassette per la frutta / Mobile shop made from fruit crates ↓

↑ Vetrina-finestra di appartamento trasformato in cartoleria / Display-window of an apartment converted in stationery store

Deposito trasformato in moschea / Storehouse converted into a mosque ↓

↑ Bucato steso sotto le impalcature / Drying washing under scaffolding

Fili per stendere il bucato tra le sponde di un canale cittadino in secca / Washing lines stretched across a dry urban canal ↓

↑ Trampolino per skateboard in un giardino pubblico / Skateboard ramp in a public garden

Sistema anti-bivacco sulle panchine di un giardino pubblico / Sleep-proof system on benches in a public garden ↓

↑ Sedie e scope usate dai frequentatori abituali di una piazza / Chairs and brooms used by regular visitors to a piazza

Porte da calcio in una piazza / Soccer goal in a piazza ↓

↑ Campo da calcio su terreno coltivato usato dai lavoratori durante la pausa /
Soccer field on ploughed field used by workers during their lunch break

Casa prefabbricata mobile stazionata sotto una tettoia / Prefabricated mobile home parked under a shelter ↓

↑ Sedie e tavoli usati da giocatori di carte sotto un cavalcavia / Chairs and tables used by card players under a flyover

Antenna parabolica fissata sulla recinzione di un giardino pubblico / Satellite dish fixed to the fence of a public garden ↓

↑ Edicola votiva con santo sul muro di un edificio / Votive shrine with saint on the wall of a building

Angolo verde con allestimento di piante su strada cittadina / Green recess with plants on an urban street ↓

↑ Nicchia votiva sul muro di un edificio / Votive niches in the wall of a building

Furgone tagliato usato come magazzino dal vicino venditore ambulante /
Van cut down for use as storehouse by nearby street vendor ↓

↑ Aiuola con statua votiva autogestita / Public garden with self-managed votive statue

Grotta trasformata in deposito / Grotto converted into deposit ↓

↑ Venditore ambulante di musicassette e cd / Street vendor selling cassettes and CDs

2 Commercio creativo

2 Creative Commerce

In questa sezione abbiamo raccolto degli esempi di commercio ambulante rivisitato in maniera creativa e originale: mestieri con una tradizione molto antica che hanno resistito alla prova del tempo e che possono considerarsi gli antenati degli attuali "lavori flessibili".
I venditori si spostano per quartieri, paesi e città, con cadenza regolare, e considerano la mobilità il loro punto di forza.
I mezzi di trasporto di cui si servono per far circolare le merci sono abilmente attrezzati per veicolare una vera e propria campagna di comunicazione pubblicitaria *on the road*. Le loro strategie di vendita, la loro retorica mercantile, il loro savoir-faire non sono esercitati in assoluta anarchia, ma sono in realtà governati da un complesso di regole mai scritto, anche se da tutti tacitamente rispettato.
All'offerta di merci garantite, spesso affiancano servizi aggiuntivi, pensati su misura per il cliente: come l'assistenza e la consegna a domicilio, la riparazione in caso di guasti dei prodotti trattati, talvolta anche l'opportunità di un acquisto rateale senza effetti bancari. Queste "leggi" sono il frutto di un rapporto di prossimità fra le parti che da sempre caratterizza lo scambio di qualsiasi natura nelle società civili.

In this section we have brought together some examples of street vending revisited in creative and original ways: trades with a very old tradition that have withstood the test of time and can be considered the ancestors of today's "flexible working".
Vendors travel at regular intervals through neighbourhoods, towns and cities, considering mobility their strong point.
The forms of transport they use to enable goods to circulate are skilfully equipped to promote a real communication advertising campaign on the streets. Their sales strategies, commercial rhetoric and skills are not exercised in complete anarchy but governed by a complex set of unwritten rules, though tacitly respected by all. The guaranteed supply of goods is often backed up by supplementary services tailored to customers' needs: assistance and home deliveries, repairs in case of defects in the products sold, sometimes even hire purchase facilities without bills of exchange. These "laws" are the result of the close relations between the parties which have always typified all kinds of commerce in established societies.

↑ Venditore ambulante di abbigliamento / Street vendor selling clothes

Venditore ambulante di tappeti / Street vendor selling carpets ↓

↑ Venditore ambulante di statue / Street vendor selling statues

Venditore ambulante di pupazzi / Street vendor selling puppets ↓

↑ Venditore ambulante di mobili e lampadari / Street vendor selling furniture and lamps

Venditore ambulante di vasi / Street vendor selling vases ↓

↑ Venditore ambulante di pupazzi / Street vendor selling puppets

Venditore ambulante di statue / Street vendor selling statues ↓

↑ Venditore ambulante di piante / Street vendor selling plants

Venditore ambulante di bandiere / Street vendor selling flags ↓

↑ Venditore ambulante di cuscini / Street vendor selling cushions

Venditore ambulante di mobili / Street vendor selling furniture ↓

↑ Venditore ambulante di fiori e frutta / Street vendor selling flowers and fruit

Venditore ambulante di scarpe / Street vendor selling shoes ↓

↑ Venditore ambulante di fiori / Street vendor selling flowers

Venditore ambulante di palloni / Street vendor selling balls ↓

↑ Venditore ambulante di fiori / Street vendor selling flowers

Venditore ambulante di tappeti / Street vendor selling carpets ↓

↑ Venditore ambulante di tappeti / Street vendor selling carpets

Venditore ambulante di mobili e quadri / Street vendor selling furniture and pictures ↓

↑ Venditore ambulante di divise delle squadre i calcio / Street vendor selling uniforms of soccer teams

Venditore ambulante di casalinghi / Street vendor selling household items ↓

↑ Venditore ambulante di detersivi / Street vendor selling cleaning products

Venditore ambulante di formaggi / Street vendor selling cheese ↓

↑ Venditore ambulante di musicassette e cd / Street vendor selling cassettes and CDs

Venditore ambulante di alimentari / Street vendor selling groceries↓

↑ Venditore ambulante di tappeti e lampadari / Street vendor selling carpets and lampshades

Venditore ambulante di vasi / Street vendor selling vases ↓

↑ Venditore ambulante di piante / Street vendor selling plants

Venditore ambulante di statue / Street vendor selling statues ↓

↑ Bunker della seconda guerra mondiale usato come deposito / Bunker from World War II used as storehouse

3 Interazioni tra pianificazione pubblica e progettazione privata

La pianificazione pubblica e la progettazione dei singoli cittadini si influenzano a vicenda. Questo è uno dei capitoli più complessi, perché riflette sulle differenze comportamentali tra due entità, separate talvolta solo da confini molto sottili. È un tipo di interazione "creativa" che rappresenta sia un punto di incontro sia una linea netta di demarcazione fra pubblico e privato.

Spesso gli individui pianificano gli spazi comuni comportandosi come se fossero delle istituzioni statali, e viceversa quest'ultime si rifanno a soluzioni intraprese proprio dai privati, nell'ambito della gestione del territorio e dei servizi. Capita spesso di trovare cassonetti dell'immondizia "non legali", collocati sul ciglio della strada dai cittadini e che vengono prontamente svuotati dagli addetti alla raccolta municipale. Oppure trovare cassette delle lettere attaccate ai pali della segnaletica stradale, per evitare al postino di addentrarsi nelle strade interne per consegnare la posta. Questi interventi producono uno scambio di ruoli e di funzioni: da una parte assegnano una maggiore responsabilità ai privati nella logistica dei servizi pubblici, dall'altra invitano gli enti istituzionali a fare scelte gestionali più flessibili e meno burocratizzate.

3 Interactions between Public Planning and Private Design

Public planning and the design of the city by individuals influence each other. This is one of the most complex chapters, because it reflects on behavioural differences between two entities, sometimes separated only by very narrow boundaries. It is a creative type of interaction that represents both a meeting point and a clear line of demarcation between public and private.

Individuals often plan public spaces, behaving as if they were state institutions, while institutions draw on solutions undertaken by private citizens in the management of the territory and services. We often find illegal garbage skips placed by citizens at the roadsides and regularly emptied by the municipal garbage service. Or we find mailboxes attached to the posts supporting road signs, so saving the mailman the trouble of entering side streets to deliver the mail. These initiatives produce an exchange of roles and functions: they assign greater responsibility to private citizens in the logistics of public services, while inviting the institutional authorities to make more flexible and less bureaucratic administrative arrangements.

↑ Palma tagliata a forma di sedia dagli operai del comune / Palm cut down to a chair by council workers

Aiuola autocostruita per proteggere un albero / Self-made flowerbed to protect a tree ↓

↑ Barriere antiparcheggio trasformate in fioriere con tavolino dal proprietario del vicino bar /
Parking barriers converted to support flower boxes and a table by the owner of the nearby café

Cantiere edile con lavori sospesi tasformato in rivendita di auto open air /
Suspended construction site converted into outdoor lot for used car sales ↓

↑ Strada pubblica costruita per errore e chiusa al traffico per mezzo di fioriere /
Public road built by error and closed to traffic with flower boxes

Roulotte camuffata con giunchi e utilizzata come ufficio in un parco naturale /
Trailer camouflaged with rushes and used as an office in a nature park ↓

↑ Ufficio mobile su ruote in zona portuale / Mobile office on wheels in port zone

Cestino dell'immondizia installato da privati cittadini su suolo pubblico e regolarmente svuotato dai netturbini del comune /
Garbage bin installed by private citizens on public land and regularly emptied by the city's garbage workers ↓

↑ Collocazione anti-gatto dell'immondizia per facilitare la raccolta dei netturbini /
Cat-proof garbage location to facilitate collection by garbage workers

Bombola trasformata in spartitraffico con catena in una piazza /
Gas cylinder with a chain converted into a traffic deterrent in a square ↓

↑ Strisce pedonali antiscivolo davanti a un centro anziani / Non-skid pedestrian crossing outside a centre for the elderly

Assi di legno poste da parcheggiatori per favorire il posteggio sul marciapiede /
Planks used by car park attendants to facilitate parking on a pavement ↓

↑ Cassetta delle lettere attaccata al palo della segnaletica stradale per evitare al postino di addentrarsi nelle strade interne a consegnare la posta / Mailbox attached to a road sign to save the postman the trouble of entering side streets

Vasi di fiori posti da privati su un lampione pubblico / Pots of flowers placed by private citizens on a lamp post ↓

↑ Struttura-riparo di un venditore di cassette per la frutta vicino a un mercato ortofrutticolo /
Shelter made by a street vendor selling crates near a fruit and vegetable market

Colonna-negozio di libri / Column-bookstall ↓

↑ Fioriera spartitraffico comunale e fiori coltivati dai negozianti vicini /
Municipal nature strip and flowers cultivated by nearby shop owners

Sistema per evitare il posteggio davanti all'ingresso del palazzo / System to prevent parking before the entrance to a building ↓

↑ Piante in vaso per evitare il passaggio di auto sotto un cavalcavia / Pot plants used to prevent cars passing under a flyover

Vicolo chiuso da un cancello / Alley closed by a gate ↓

↑ Taniche per l'irrigazione dell'orto montate sul gard rail di una strada extraurbana /
Petrol cans installed on the guard rail of an extra-urban road and used for irrigating a vegetable patch

Piccolo orto gestito da una scuola all'interno di un giardino pubblico /
Small vegetable plot managed by a school inside a public garden ↓

↑ Sistema per bloccare il traffico durante i lavori pubblici in corso / System to block traffic during public works

Semaforo temporaneo e cartello stradale coperto con T-shirt / Temporary traffic light and road sign covered with T-shirt ↓

↑ Cartello stradale saldato sul cerchione di un'auto / Road sign welded to a car wheel

Ripiano metallico che trasforma un palo antiparcheggio in tavolino per i clienti del bar /
Metal shelf converts a pole to prevent parking into a table for patrons of a café ↓

↑ Palo dell'illuminazione pubblica addobbato con luci natalizie dalla vicina discoteca /
Public lamp post decorated with Christmas lights by the nearby disco

New jersey trasformato in fioriera natalizia / Traffic barrier converted into Christmas flower stand ↓

↑ Tronchi d'albero in riva al mare per tirare le barche in secca / Logs on the seafront for beaching boats

Protezione metallica sopra una piantina spontanea di quadrifoglio cresciuta sul marciapiedi /
Metal screen for a four-leaved clover plant growing wild on the pavement ↓

↑ Cartello indicante la via scritto a mano dai residenti / Street name written by hand by the residents

4 Soluzioni personali alla carenza di servizi pubblici

A volte gli abitanti della città risolvono le inadempienze dei servizi pubblici e le carenze progettuali del proprio territorio risolvendo le questioni a modo loro, con mezzi propri, perché stanchi di tollerare i lunghi tempi di attesa cui li obbliga il gestore pubblico.

Ci sono per esempio cittadini che si mettono a riparare, per renderle più confortevoli, le pensiline di attesa del bus; altri che creano sistemi di dissuasione contro il parcheggio abusivo nelle aree di confine tra proprietà pubblica e privata; altri ancora piazzano specchi per aiutare l'orientamento sia dei pedoni sia degli automobilisti in angoli stradali ad alto rischio d'incidente, oppure che dipingono a mano i nomi delle vie laddove non sono presenti. Tutti interventi privati, certo, e frutto dell'autogestione del territorio, ma ugualmente legati all'idea di servizio collettivo che in sé ha già il valore di una risposta politica.

4 Personal Solutions to Shortcomings of Public Services

At times the residents of the city make up for the shortcomings of public services and the design deficiencies in their territory by dealing with matters in their own way, using their own resources, because of the lengthy delays in the public sector.

Some citizens, for example, themselves repair bush shelters and make them more comfortable. Others take measures to deter parking on the boundaries between public and private property. Still others install mirrors to help guide both pedestrians and drivers on dangerous corners, or paint street names where they are missing. All private initiatives, and the fruit of self-management of the territory, but equally embodying an idea of collective service that already has the value of a political response.

↑ Sedie montate su un gard rail / Seats placed on the traffic barrier

Piante usate come barriera contro la sosta / Plants used as a barrier against car parking ↓

↑ Canne fumarie riempite di cemento usate per impedire l'accesso alle auto in un vicolo /
Chimney flues filled with concrete used to prevent cars entering an alley

Barriera dislocabile per vietare la sosta delle auto / Movable barrier to prevent parking ↓

↑ Illuminazione stradale schermata per ridurne il fastidio / Shade on street light to reduce glare

Barriera spartitraffico usata per chiudere temporaneamente un tombino divelto /
Traffic barrier used as temporary closure for an open drain ↓

↑ Portacorona di fiori posto a fianco di una nicchia votiva con l'obiettivo di riservare un posto auto /
Support for wreaths placed beside a votive niche to reserve a parking place

Contenitori per l'acqua usati da un fiorista in zona senza servizio idrico /
Cans holding water used by a florist in a zone without mains water ↓

↑ Sistema per proteggere un'aiuola dal gioco del calcio nella piazza /
System for protecting flowers from football played in the square

Sistema per vietare il posteggio di auto in prossimità di un'autorimessa privata /
System to prevent cars parking near a private garage ↓

↑ Sedie poste all'interno di una pensilina di attesa dell'autobus / Chairs placed inside a bush shelter

Cuscini posti sulle panchine non confortevoli di una pensilina di attesa dell'autobus /
Cushions placed on uncomfortable benches in a bus shelter ↓

↑ Spigoli di muro segnalati con vernice fosforescente / Corner of a wall marked in phosphorescent paint

Corrimano costruito con un tubo per idraulica su una strada scoscesa / Handrail made from piping on a steep street ↓

↑ Contenitori per le attrezzature dei commercianti in prossimità di un mercato storico /
Lockers for the traders' equipment near a long-established market

Attività privata di fabbricazione e vendita del ghiaccio in un mercato pubblico /
Private business making and selling ice in a public market ↓

↑ Sistema per vietare la sosta delle auto in prossimità del bucato steso /
System to prevent parking near the washing hung out to dry

Fusto metallico con palo portafiori usato per riservare il posteggio davanti a una nicchia votiva /
Metal can with flower-holder pole used to reserve a parking space in front of a votive niche ↓

↑ Palo con cartello stradale rimosso perché occupava un posto auto /
Pole with road sign removed because it occupied a parking place

Dosso artificiale in cemento per ridurre la velocità in prossimità della porta di casa /
Artificial concrete speed bump near the house entrance ↓

↑ Ringhiera di protezione costruita con ponteggi per edilizia / Protective railing made from scaffolding

Panchina in plastica usata per allungare una panchina in ferro alla fermata dell'autobus /
Plastic bench used to extend an iron bench at a bus stop ↓

↑ Cassonetto dell'immondizia senza ruota sorretto da una batteria d'auto /
Garbage containers missing a wheel supported by a car battery

Coperchi di cassonetti sorretti da bottiglie in vetro per favorire la ventilazione e non essere aperti manualmente /
Lids of garbage containers propped open with glass bottles to favour ventilation and save the effort of opening them manually ↓

↑ Rotatoria stradale autocostruita a un incrocio / Self-built roundabout at an intersection

Fusto metallico per chiudere una fognatura / Close-fitting can used to close a drain ↓

↑ Tovaglia in plastica posta sopra a un tombino in una zona di passaggio per evitare che vi cadano dentro oggetti /
Plastic tablecloth used to cover a drain in a zone of passage to prevent objects falling in it

Pallet in legno per coprire e segnalare un cedimento della strada / Wooden pallet used to cover and mark pothole in the road ↓

↑ Fanali di auto usati per segnalare la presenza di un albero vicino al bordo stradale /
Car lights used to mark the presence of a tree at the roadside

Specchiere di mobili poste dai cittadini per avvistare l'arrivo di auto in prossimità dell'incrocio con una strada privata /
Furniture mirrors used by citizens to see cars coming near a crossing with a private road ↓

↑ Pubblicità elettorale a lato di una discarica / Electoral advertisement at the side of a garbage dump

5 Comunicazione sociale e commerciale

5 Social and Commercial Communication

In questa sezione abbiamo raggruppato diversi modi di comunicare attraverso l'uso di oggetti che si trasformano in veicoli simbolici di espressione artistica o informazione pubblicitaria. Messaggi efficaci con forti componenti visuali che si trasformano in nuovi codici di comunicazione urbana. Come le cassette delle lettere a forma di simboli nazionali o religiosi, volte comunicare la provenienza del possessore, o come i palloni da calcio tagliati sul portale della chiesa, usati come monito.
Questi oggetti definiscono status sociali e comunità di appartenenza, attraverso la diffusione di segni a valenza ideologica, politica, culturale, religiosa o meramente commerciale. L'insieme di queste tracce, e dei loro codici di lettura, formano l'identità stratificata e molteplice di un vasto ambiente umano che rivolge continuamente la sua immagine all'esterno.

This section brings together different ways of communicating through the use of objects that become symbolic vehicles of artistic expression or advertisements. These are effective messages with strong visual components transformed into new codes of urban communication. Examples are mailboxes in the form of national or religious symbols intended to convey the origins of the owner, or soccer balls cut on church doors, used as warnings.
These objects define social status and community loyalties through symbols with an ideological, political, cultural, religious or merely commercial value. These signs, taken all together, and their codes of interpretation form the stratified and complex identity of a broader human environment that continually projects its image outwards.

↑ Palloni da calcio tagliati sul portale di una chiesa, usati come monito per i giocatori della piazza /
Cut-up soccer balls placed on a church door as a warning against playing in the square

Acquasantiera vuota per evitare l'asporto di acqua da parte di persone non in linea con il culto ufficiale /
Empty holy-water stoup to prevent the water being used by people not belonging to the church ↓

↑ Insegna di un negozio che vende vetri e specchi / Sign of a shop selling glass and mirrors

Insegna di gommista / Tyre centre's sign ↓

↑ Sedia usata come espositore di biglietti da visita da un impagliatore di sedie /
Chair used to display business cards by a chair mender

Maschere di carnevale; pantalone, pulcinella, balanzone e arlecchino su un cartello che indica il tribunale /
Carnival figures: pantalone, pulcinella, balanzone and harlequin, on a sign indicating the law court ↓

↑ Manifesti usati dall'amministrazione pubblica per coprire affissioni abusive /
Posters used by the town council to cover illegal flyposting

Insegna di riparatore di biciclette / Sign of a bicycle repair shop ↓

↑ Insegna di venditore di coprisedili per auto / Sign of a vendor of car seat covers

Insegna per riservare il posto auto del vescovo in prossimità del palazzo della curia /
Sign to reserve the bishop's parking place near the curia ↓

↑ Pubblicità scritta a mano e distribuita in strada / Hand-written advertisement distributed in the street

Menù di ristorante con inserzioni pubblicitarie di esercizi commerciali / Restaurant menu with advertisements for businesses ↓

↑ Cassetta delle lettere a forma di moschea sulla casa di un cittadino arabo /
Letter box in the form of a mosque on the house of an Arab citizen

Insegna di autodemolitore / Sign of a car wrecker's yard ↓

↑ Insegna di una rivendita di articoli da campeggio / Sign of a retailer of camping gear

Pratica dello "shoefiti" con vari significati locali: fine degli studi, addio al celibato, fine della leva o morte della persona che le indossava /
The practice of "shoefiti" with various local meanings: end of school, stag night, end of call up or death of the person who wore them ↓

↑ Una stella rosa, simbolo della nascita di una bambina appeso a un portone e racchiuso in busta di polietilene anti-smog /
A pink star, symbol of the birth of a girl, placed on a front door in a smog-proof polythene envelope

Insegna dell'associazione industriali coperta in modo emblematico durante il trasloco della sede /
Sign of the manufacturers' association covered emblematically during change of premises ↓

↑ Cassonetto dell'immondizia utilizzato come deposito per oggetti riutilizzabili da altri /
Garbage container used as a deposit for objects reusable by others

Apertura ricavata nella protezione antipolveri di un ponteggio / Opening made in the dust covers of scaffolding ↓

↑ Serranda al piano strada decorata a porta per segnalare un'abitazione e dissuadere il parcheggio delle auto /
Shutter on the street front decorated as a door to indicate a house and deter parking

Negozio di cererie votive che al tramonto ospita i fedeli cattolici per la recitazione del rosario /
Shop of votive candles which at sunset hosts Catholic prayer group to pray the rosary ↓

↑ Insegna di parcheggio su ruote / Car park sign on wheels

Carrelli che espongono le merci di un negozio usati come pubblicità mobile /
Trolleys displaying the goods of a shop used as mobile advertising ↓

↑ Autovettura con pallet sul tetto, usati per appendere manifesti pubblicitari /
Car with pallets on the roof, used to support advertising posters

Furgone pubblicitario / Advertising van ↓

↑ Carrello rimorchio con pannello pubblicitario, posteggiato su di un terreno agricolo /
Trailer with advertising panel, parked on farmland

Sacchetto di immondizia dentro la bocca di un cannone / Bag of garbage in the mouth of a cannon ↓

↑ Parete di chewing gum / Chewing gum wall

Pubblicità su cartello stradale che insieme ad altri messaggi conduce al negozio descritto /
Advertising on road sign, one of a number of messages leading to the shop described ↓

↑ Specchi retrovisori usati per controllare l'accesso degli estranei / Rear vision mirrors used to monitor access by outsiders

6 Sicurezza personale e controllo del territorio

6 Personal Security and Control of the Territory

Quando i privati operano per il mantenimento della loro sicurezza personale o della propria influenza, il controllo del territorio non è più inteso solo come esercizio dell'ordine pubblico, ma anche come metodo di espansione e appropriazione da parte dei gruppi che vi abitano, sia quelli all'interno sia quelli all'esterno della legalità. Pur essendo di natura diversa, entrambe condividono un atteggiamento di difesa, un bisogno di protezione. C'è chi per esempio mette specchi retrovisori sul balcone di casa per controllare l'ingresso eventuale di estranei e chi invece posiziona superfici riflettenti agli angoli delle strade, per poter avvistare l'arrivo (non gradito) della polizia. I problemi di fondo, escludendo l'illegalità, restano la sicurezza e la mancanza di rispetto delle regole scritte e non scritte che disciplinano la convivenza reciproca fra gli abitanti di uno stesso territorio.

When private citizens work to maintain their personal security or influence, the control of the territory is no longer treated only as an issue of law and order but as a form of expansion and appropriation by the groups living there, both legally and illegally.
Though of different kinds, they both share a defensive attitude, a need for protection. Some put rear vision mirrors on the balconies of their homes to monitor the entrance for outsiders; others position reflecting surfaces at the street corners so as to keep an eye out for the (unwelcome) arrival of the police.
The underlying problems, excluding illegality, remain security and lack of respect for the written and unwritten rules that control the relations between the residents of a single territory.

↑ Barra in ferro usata per evitare il calco della serratura / Iron bar used to prevent an impression being taken of the lock

Sistema anti-intrusione con bottiglie di vetro spezzate / Burglar-proof system with broken glass bottles ↓

↑ Pece versata sui gradini di un'abitazione per non far sedere / Pitch poured on the house step to prevent people sitting on it

Cubetti di marmo per non far sedere davanti alla vetrina / Marble cubes to prevent people sitting in front of a window ↓

↑ Sistema di protezione anti-sfondamento per un garage / System of protection against break-through in a garage

Sistema di protezione anti-sfondamento per un negozio / System of protection against break-through in a shop ↓

↑ Sistema di protezione anti-allagamento in una casa vicina a un canale / System of flood protection in a house by a canal

Sistema in ferro per non far sedere davanti a una vetrina / System in iron to prevent people sitting in front of a window ↓

↑ Sistema in legno per non far sedere sui gradini del portone / System in wood to prevent people sitting on the front step

Sistema in legno per non far sedere sui gradini del portone / System in wood to prevent people sitting on the front step ↓

↑ Specchio retrovisore sul balcone per controllare l'accesso degli estranei /
Rear vision mirror on balcony to monitor access from outside

Specchio retrovisore di autobus all'ingresso di una banca per controllare gli accessi /
Rear vision bus mirror at the entrance to a bank to monitor people entering ↓

↑ Specchio retrovisore a fianco di un altare per sincronizzare l'organista e i movimenti del prete /
Rear vision mirror by the side of an altar to synchronize the organist and the movements of the priest

Volte e nicchie di un portico chiuse da pannelli per evitare il bivacco dei senza fissa dimora /
Panels closing vaults and niches in a portico to prevent the homeless sleeping in them ↓

↑ Balconi con gabbie di protezione / Balconies with protective netting

Scuola superiore con grate a protezione delle finestre / High school with grids to protect the windows ↓

↑ Specchio retrovisore sulla recinzione di un giardino per controllare gli accessi /
Rear vision mirror on a garden fence to monitor people entering

Specchio da trucco usato per controllare gli accessi dalla portineria di un palazzo /
Vanity mirror used to monitor people entering the concierge's lodge of a building ↓

Sicurezza personale e controllo del territorio / Personal Se

↑ Simboli cromatici che possono indicare l'appartenenza a un clan di quartiere, club di tifosi o altre organizzazioni /
Coloured symbols indicating membership of a neighbourhood gang, football fans, or other organizations

Specchio da trucco all'angolo di una strada per controllare l'arrivo della polizia /
Vanity mirror at a street corner to monitor the arrival of police ↓

↑ Servizio di custodia per evitare il furto dei caschi da moto / Safe storage for motorcycle helmets

Fili per stendere il bucato sostituiti con filo spinato anti-intrusione / Washing lines replaced with barbed wire to keep out intruders ↓

Sicurezza personale e controllo del ter

↑ Effigie di cavallo rampante a indicare l'allevamento di equini per le corse non ufficiali /
Images of rearing horses indicating a stud for illegal horse racing

Effigie di cavaliere in torneo a indicare l'allevamento di equini per le corse non ufficiali /
Image of tournament knight, indicating a stud for illegal horse racing ↓

↑ Contenitore dell'immondizia legato alla finestra di uno stabile / Garbage container tethered to the window of a building

Recinto elettrificato a batteria per animali / Electric livestock fence powered by battery ↓

Sicurezza personale e controllo del te...

↑ Posteggio riservato dal vicino tappezziere con transenne e divano /
Reserved parking place with barriers and a sofa from the nearby home decorator store

Tenda usata per riparare un'effigie religiosa dal deterioramento del sole / Drape screening a religious image from sunlight ↓

↑ Sistema antiseduta in plastica davanti a una serranda / System in plastic to prevent people sitting in front of a shutter

Piante in vaso usate come barriera anti-parcheggio / Potted plants used as parking barrier ↓

BIOGRAFIA

Daniele Pario Perra è un artista relazionale, ricercatore e designer impegnato in attività espositive, progetti di ricerca e insegnamento. Il suo lavoro si sviluppa in ambiti disciplinari diversi: arte, design, sociologia, antropologia, architettura e geopolitica. Si occupa da diversi anni di creatività spontanea, tendenze culturali e modelli di sviluppo urbano, in una costante relazione tra cultura materiale e patrimonio simbolico. Nel 2001 ha iniziato il database *Low-cost Design* che contiene oltre 7000 scatti fotografici sulle trasformazioni degli oggetti e dello spazio pubblico in Europa e nell'area del Mediterraneo. Ha studiato le rappresentazioni e i rituali del commercio ambulante in Sicilia all'interno del progetto "Economic Borders". Ha indagato la comunicazione spontanea in diverse città europee con il format "Fresco Removals", insegnando agli abitanti, in vere e proprie azioni urbane, come rimuovere e conservare scritte sui muri e graffiti ritenuti esemplari prima della loro cancellazione. Nel 2005 ha pubblicato *Politics Poiesis*, la sua prima monografia che raccoglie una lunga serie di riflessioni, stimoli e progetti dedicati all'arte contemporanea nel contesto urbano.

Daniele Pario Perra ha insegnato alla Facoltà di Architettura dell'Università La Sapienza di Roma, alla Delft University of Technology e al Politecnico di Milano. Collabora con il dipartimento di Antropologia dell'Università di Denver Colorado e con l'Università IULM di Milano. I suoi workshop – *Fantasy Saves the Planning, Art Shakes the Politics, Fresco Urban Removals, Design on the Cheap* e *Politics Poiesis* – vengono continuamente proposti nelle principali città europee. Tra il 2000 e il 2010 ha esposto opere, ideato azioni urbane e coordinato progetti tra Roma, Milano, Torino, Sarajevo, Barcellona, Chicago, Rotterdam, Berlino, New York, Berna, Parigi, Marsiglia, Buenos Aires, Santiago, Lubiana, Belgrado, Budapest e Londra.

BIOGRAPHY

Daniele Pario Perra is a relational artist, researcher and designer engaged in exhibitions, research projects and teaching. His work ranges across different disciplines: art, design, sociology, anthropology, architecture and geopolitics. For some years now he has been exploring spontaneous creativity, cultural trends and patterns of urban development in a constant relationship between material culture and symbolic heritage. In 2001 he started the *Low-cost Design* database, which contains over 7000 photographs of the transformations of objects and public spaces in Europe and around the Mediterranean. He studied the performances and rituals of street trading in Sicily in the "Economic Borders" project. He investigated spontaneous communication in various European cities with the "Fresco Removals" format, teaching people, in real urban actions, how to store notable examples of wall writing and graffiti before their cancellation. His first monograph, *Politics Poiesis*, was published in 2005: it contains a long list of ideas, stimuli and projects devoted to contemporary art in urban contexts.

Daniele Pario Perra has taught at the Faculty of Architecture of La Sapienza University in Rome, at the Delft University of Technology and at the Milan Polytechnic. He collaborates with the Department of Anthropology at the University of Denver Colorado and the IULM University in Milan.

His workshops – *Fantasy Saves the Planning, Art Shakes the Politics, Fresco Urban Removals, Design on the Cheap* and *Politics Poiesis* – have many editions in major European cities.

Between 2000 and 2010 he exhibited works, devised urban actions and coordinated projects between Rome, Milan, Turin, Sarajevo, Barcelona, Chicago, Rotterdam, Berlin, New York, Bern, Paris, Marseille, Buenos Aires, Santiago de Chile, Ljubljana, Belgrade, Budapest and London.

Silvana Editoriale Spa

via Margherita De Vizzi, 86
20092 Cinisello Balsamo, Milano
tel. 02 61 83 63 37
fax 02 61 72 464
www.silvanaeditoriale.it

Le riproduzioni, la stampa e la rilegatura
sono state eseguite presso lo stabilimento
Arti Grafiche Amilcare Pizzi Spa
Cinisello Balsamo, Milano
Reproductions, printing and
binding by Arti Grafiche Amilcare Pizzi Spa
Cinisello Balsamo, Milan

Finito di stampare
nel mese di aprile 2010
Printed April 2010